K-Beauty Make up

Professional

오인영

- (현) 인덕대학교 방송메이크업학과 교수
- 경희대학교 일반대학원 의상학과 이학 박사
- Ecole Superieure Techinique de Maquillage Artistique de Christian Chauveau
- 스위스 공인 CIDESCO 국제 자격증 취득
- (전) MBC 제작 2부 미술센터
  KBS Art Vision 근무
- 글로벌 전공연계 문화교류단 "K Beauty Idol Trend Make up 특강"(베트남 호치민시 인사대학교, 2023)
- 대만 홍광과학기술대학교 "K Beauty Trends Make Up과 패션 스타일링 특강"(인덕대학교, 2023)
- 대만 정의대학교 한국문화 연수 "K Beauty & 아이돌 방송 MU 특강"(인덕대학교, 2024)
- 일본 문리대학 & 쇼케이 대학 〈2024 인덕대학교 한국문화 단기연수 / "K 아이돌 트렌드 메이크업 특강"〉(2024)
- 한국, 베트남 공동제작, 글로벌 프로젝트 〈봄, 여름, 가을, 겨울 그리고 다시 봄 시즌 3: 베트남 현지 HTV 방송〉 출연자 메이크업 & 헤어스타일링 팀지도(2024)
- 보건복지부장관상 수상(메이크업 국가자격증. NCS, 2018)
- 대한민국 국회 특별상 수상(K Beauty, 2023)

이수미

- 성균관대학교 생활과학대학원 패션학(뷰티산업) 석사
- 일본 TOKYO MODE Gakuen Makeup Artist 학과 졸업
- FASHION ASIA AWARDS Asia Top Fashion Makeup artist of the year Top 5 선정(2011)
- 사단법인 아시아 모델협회 올해의 메이크업 아티스트상 수상(2013)
- 2010 W Korea 5주년 기념화보 메이크업
- 2014 인천 아시안 게임 전야제 패션쇼 헤어메이크업 총괄디렉터
- 2024 RUNWAY TO SEOUL 헤어 메이크업 총괄 디렉터
- 서울패션위크, FASHION KODE, 인디브랜드페어, 대한민국 패션대전, 강남패션페스티벌, FCC2016, DTC 개관기념 패션쇼 등 패션행사 헤어 메이크업 총괄 외 다수.

유한나

- (현) 한나뷰티&컬러 대표
  (사)한국메이크업미용사회 중앙회 감사
  인덕대학교 방송메이크업학과 겸임교수
- (전) 백석문화대학교 토탈뷰티학과 초빙교수
  YTN 방송국 분장실 메이크업 아티스트
- 영국 Glauca Rossi Fashion Make up School 졸업
- 이화여자대학교 디자인학부 색채디자인전공 박사수료
- 2020 소상공인기능경진대회 '패션메이크업' 중소벤처기업부장관상

K-뷰티 메이크업 프로페셔널

초판인쇄 | 2025년 3월 20일
초판발행 | 2025년 3월 30일

저자 | 오인영·이수미·유한나
발행인 | 조규백
발행처 | 도서출판 구민사
(07293) 서울시 영등포구 문래북로 116, 604호(문래동 3가 46, 트리플렉스)
전화 | (02) 701-7421
팩스 | (02) 3273-9642
홈페이지 | www.kuhminsa.co.kr

신고번호 | 제2012-000055호(1980년 2월 4일)
ISBN | 979-11-6875-541-3(93590)

정가 | 29,000원

K-뷰티 메이크업 프로페셔널

K-Beauty MakeUp Professional

머리말

2008년을 기점으로 소셜미디어의 등장과 K-Pop의 확산으로 '한류(韓流)'는 새로운 국면을 맞이하게 되고, 소셜미디어의 확산 및 문화 콘텐츠 유통과정의 혁신을 거쳐 '한류 콘텐츠'는 동시대적으로 유행하기 시작하였다..

이러한 현상은 기존의 한류와 구분하여 '신한류' 혹은 '한류 3.0(2010년대 초반~현재)'이라고 하는데 신한류는 기존의 한류 열풍과는 달리, 기존의 대중문화 중심의 한류를 넘어 패션, 음식, 게임, 문학 등 'K-컬쳐(K-Culture)'라고 불리운다. 즉, 다양한 범위의 문화 콘텐츠가 그 대상이며, 동남아시아를 넘어 중앙아시아, 아랍, 남미 등 다양한 국가로 확산되고 있다. 그 소비층 또한 기존에 10~20대 여성에서 전 연령층과 남성으로까지 확대되고 있다는 특징을 보인다(김덕중·남상현, 2016; 김도희·박병진, 2016; 김평수 외, 2016).

일례로 '별에서 온 그대'나 '태양의 후예'에서 여자 주인공들이 사용한 화장품의 해외 소비가 급증하거나, 드라마에서 등장한 '치맥(치킨과 맥주)' 문화를 직접 즐기기 위해 수천 명의 중국 관광객이 한국을 방문하기도 하였다(김덕중·남상현, 2016).

특히 최근 'K-뷰티(K-Beauty)'가 전 세계적인 인기를 끌면서 한류 열풍을 주도할 새로운 콘텐츠로 주목을 받고 있다. 한국 드라마와 음악이 아시아권을 중심으로 인기를 끌면서 '한류 팬덤(fandom)'이 형성되었으며 이들이 아시아 여성들의 '뷰티 아이콘'으로 자리 잡게 되었다(김덕중·남상현, 2016). 이들의 화장법과 옷차림 등을 선호하고 따라 하는 등 자연스럽게 한류 스타들이 사용하거나 광고하는 화장품, 화장 기법, 컬러와 질감 등이 인기를 끌게 되면서 'K-뷰티 열풍'이 시작된 것이다(이선정·이수범, 2017; 임학순·채경진, 2014). 실제로 〈문화체육관광부〉와 〈한국문화산업 교류재단〉이 매년 실시하는 '해외 한류 실태조사'에서도 2016년부터 한류 콘텐츠 장르에 '패션/뷰티'를 포함하여 조사하기 시작하였다.

〈K-뷰티 베이크업〉은 2권으로 구성하였다. 〈K-뷰티 메이크업 베이직〉에서는 메이크업 기본 용어와 기초 이론, 20세기와 21세기 유행 메이크업 특징, 단계별 메이크업 순서와 기법, 이미지 메이크업, 색채의 이해, 계절 이미지 메이크업, 영상 메이크업 실무에 대한 내용을 다루었다. 실기 응용편에서는 방송 영상에 출연하는 연기자와 아이돌 메이크업 실무를 알기 쉽게 설명하였다.

〈K-뷰티 메이크업 프로페셔널〉에서는 전문숍이나 실무 현장에서의 활용을 위한 고객 응대와 메이크업 아티스트 위생, 퍼스널 컬러, 메이크업 디자인 발상 기법, 전개 및 표현 사례를 각 과정별로 알기 쉽게 사례를 제시하였으며 활용재료와 기법, 컬러 등을 자세히 다루었다. 특히 패션 화보와 패션쇼 메이크업 발상 및 단계별 표현 기법, 컬러, 재료 등의 예시를 다루었다.

각 권의 마지막에서는 '메이크업 아티스트'가 반드시 알아야 할 '뷰티 전문 용어'와 '일러스트레이션'(베이직), 뷰티 실용영어 회화, 고객 상담 카드 및 패션 화보 & 패션쇼 메이크업 예시(프로페셔널)을 제시함으로써 이해를 돕고자 하였다.

이 책의 출판을 위해 도움을 주신 도서출판 구민사 조규백 대표님과 직원 여러분께 감사의 인사를 드리고, 본서가 K-뷰티 메이크업의 발전에 도움이 되길 진심으로 바란다.

2025년 3월
저자 일동

차례

PART 03

메이크업 발상과 표현기법

차례

부록

PART 01

메이크업 숍 위생관리 및 고객 응대

K BEAUTY

MAKEUP

PROFESSIONAL

01 CHAPTER 메이크업 숍 위생관리

메이크업 작업 전후와 작업 도중, 아티스트(작업자)는 고객 서비스 작업환경과 작업대, 손 위생 관리 및 메이크업 화장품, 재료 용품, 도구, 기구 등을 항상 청결히 하여야 하며 위생적으로 사용할 수 있도록 하여야 한다. 또한 안전하게 관리. 정돈하고 평소에도 미리 점검을 해두어야 한다.

메이크업 숍의 위생관리는 고객이 접할 수 있는 환경, 도구, 재료로 인하여 발생할 수 있는 트러블과 염증, 오염과 감염 요소들을 미리 점검하고 관리함으로써 고객의 불만 요소를 사전에 예방하고 만족도를 높이기 위한 중요한 사항이다.

1 메이크업 아티스트의 위생관리

(1) 작업을 하기 편안한 복장을 착용함으로써 전문성과 신뢰감을 드러내고 항상 단정하고 청결한 차림을 유지해야 한다.

(2) 피부 청결에 신경 쓰고 머리카락은 자주 샴푸, 모양은 단정하게 하고 모발이 얼굴의 일부를 가리거나 흘러내리지 않도록 밴드 등으로 깔끔히게 고정한다.

(3) 구강 청결을 위해 음식물을 섭취한 후 반드시 양치를 하여 고객들에게 불쾌감을 주지 않도록 하며 작업 중 껌을 씹지 않는다.

(4) 작업 전·후 수시로 세제를 이용하여 손가락 사이사이까지 꼼꼼하게 손을 씻고 알코올을 이용하여 소독한다.

(5) 메이크업 아티스트는 고객에게 관리를 시작하기 전, 후 그리고 화장실을 사용하고 난 뒤에 손을 철저하게 씻고 소독해야 한다.

(6) 메이크업 아티스트는 작업을 하면서 자신의 얼굴이나 머리카락이 고객의 얼굴에 닿지 않도록 해야 한다.

[메이크업 아티스트의 위생관리]

2 메이크업 도구의 위생관리

- 소독한 기구(가위, 브러시, 유리볼) : 자외선 소독기에 보관한다.
- 컵, 면도날, 면봉 : 1회용을 사용한다.
- 제품사용 시 메이크업 제품 사용 후 꼭 뚜껑을 닫아서 공기접촉을 피하고 제품을 반드시 덜어서 사용해야 하며 반드시 소독된 스패출러를 이용해야 한다. 직사광선을 피해서 보관한다.
- 자주 사용하는 분첩, 립스틱 용기, 얼굴에 사용하는 기구, 사용하는 면봉, 속눈 썹을 칠하는 솔, 눈화장 연필과 솔, 이품은 어떤 것이라도 반드시 소독해서 사용해야 한다.

[메이크업 도구의 위생관리]

- 로숀, 크림, 분말, 그리고 이와 유사한 화장품들은 깨끗한 밀폐 용기 안에 두어야 한다. 용기 안에 있는 제품을 사용할 때에는 주걱(spatula)을 사용해야 하며, 화장품을 바를 때는 화장솜 또는 화장용 라텍스를 사용한다.
- 화장대, 의자 : 오염물질을 소독액으로 표면을 소독한다.
- 수건, 터번, 가운 :세탁 후 건조, 자비 소독, 일광 소독, 증기 소독한다.
- 사용한 브러시는 사용 후 즉시 세척하여 건조하여 보관한다.
- 아이래시 컬러의 사용 시 고무 부분을 알코올솜으로 닦아 건조시키면 탄력이 생겨 오래 사용할 수 있다.
- 파운데이션 스펀지의 경우 반드시 1회만 사용하고 고객이 바뀌면 즉시 교체한다.
- 퍼프는 사용 후 정기적으로 세척하여 위생적으로 사용해야 한다.
- 작업이 끝난 후에는 뚜껑이 있는 제품은 반드시 뚜껑을 덮어 보관한다.
- 고객에게 사용된 모든 도구들은 살균한다.
- 사용하는 동안 모든 도구들은 위생적인 용기 안에 넣어 둔다.
- 고객들이 사용하고 난 도구 등은 알코올 등으로 닦고 소독한다.
- 메이크업을 할 때 사용된 모든 도구들과 물건들은 세척하고 위생처리 하여 종류별로 분류하여 밀폐된 용기나 수납장 위생용기 안에 보관한다.

[터번]

[가운]

3 메이크업 도구의 배열

[메이크업 도구]

- 메이크업 제품과 도구를 메이크업 주제에 따라 활용하기 편리하도록 계획적으로 배열한다.
- 메이크업 제품을 배열할 때는 깨끗한 수건이나 천 등을 펼치고 배열한다.
- 제품의 종류나 색상별로 동일한 제품을 색상별로 준비한다.
- 브러시는 작업 전 통에 꽂거나 수건을 깔고 종류별로 배열한다.
- 작업 전 메이크업 제품의 뚜껑을 미리 열어두고 편리하게 사용하고 사용 직후에는 바로 뚜껑을 닫아둔다.
- 작업하는 사람이 오른손을 사용할 경우 브러시는 오른쪽에 배치한다.

1) 메이크업의 기본도구

(1) 메이크업 브러시

[메이크업 브러시]

① 파운데이션 브러시(Foundation Brush)

파운데이션을 펴바를 때 사용하는 브러시로 일반적으로 탄력 있는 합성모를 사용하며 부드럽고 자연스런 표현을 위해 천연모를 사용하기도 한다.

[파운데이션 브러시]

② 컨실러 브러시(Concealer Brush)

컨실러 제품을 사용할 때 브러시는 대체로 납작하고 탄력 있는 합성모가 일반적이지만 눈에 자극이 없는 둥근 형태의 천연모를 사용한다.

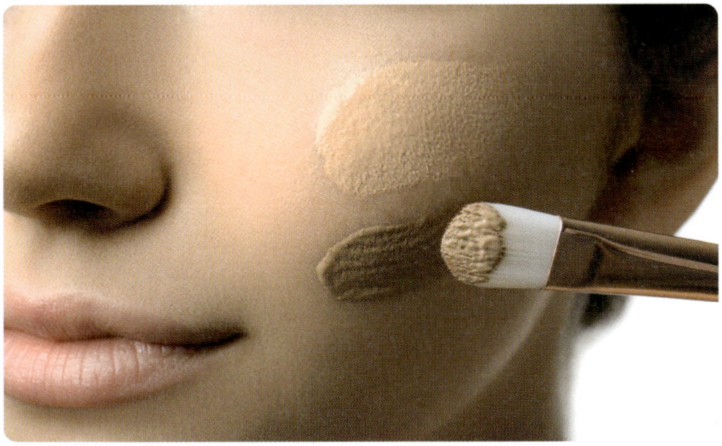

[컨실러 브러시]

③ 블러셔 브러시(Blusher Brush)

볼에 혈색 부여와 윤곽 수정을 목적으로 하며 넓은 부위에 사용하므로 부드러운 고급 천연모의 염소털, 담비털 등을 사용한 것이 좋다. 볼의 넓은 부위를 자연스럽게 바를 때는 둥글고 큰 브러시를 사용하며, 끝이 수평으로 잘린 둥근 형태는 강하고 균일하며 정확한 색상표현을 하고자 할 때 즉, 엔젤 치크(angel cheek), 인형의 볼 메이크업을 할 때 사용한다. 사선 형태의 브러시는 안면 윤곽수정시 적합한 브러시이다.

[블러셔 브러시]

④ 아이섀도 브러시(Eyeshadow Brush)

베이스 컬러용, 메인 컬러용, 포인트 컬러용, 하이라이트 컬러용 등으로 다양한 크기와 숱이 달린 붓을 준비하는 것이 아이섀도우 작업시 편리하고 효과적이다.

둥글고 크며 넙적한 브러시는 눈꺼풀의 넓은 부위를 표현하는 베이스 컬러시 사용하는 것이 효과적이며, 작고 가는 납작한 브러시는 선명한 선을 표현하는 포인트 컬러시 사용하는 것이 좋다. 사용 부위에 따라 브러시의 크기를 조절하여 효율적으로 사용할 수 있다.

메이크업에 사용하는 브러시의 재료는 담비털, 족제비털, 염소털, 오소리털, 합성섬유 등 여러 종류를 사용한다.

[아이섀도우 브러시]

⑤ 아이라인 브러시(Eyeline Brush)

아이라인의 선을 섬세하고 깨끗하게 그리기 위해서는 크기가 작고 길이가 길며 뾰족한 아이라인 브러시가 효과적이다. 젤 또는 케잌 아이라이너를 사용 시 탄력 있는 얇은 형태가 사용이 용이하다.

⑥ 사선 브러시(Angle Brush)

납작한 사선 형태이므로 좁은 부위인 눈썹 부위의 선을 세심히 그리거나 선적인 이미지를 표현하기에 적합하다. 탄력이 있으며 부드러운 담비털이나 뻣뻣한 돼지털로 만들어진 것이 일반적이다.

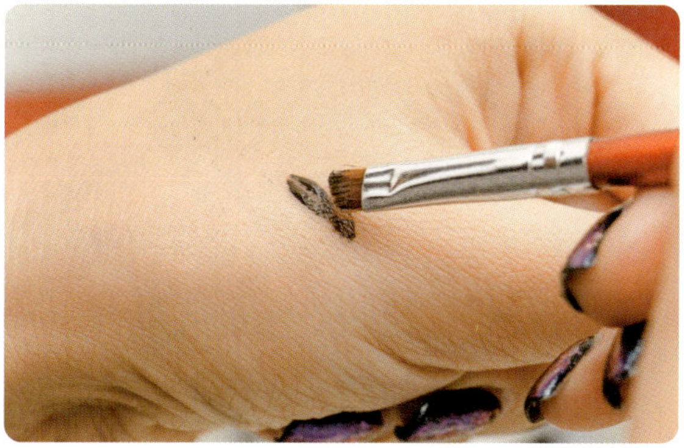

[사선 브러시]

⑦ 스크루 브러시(Screw Brush)

눈썹색이 너무 짙게 표현되었을 때 빗어서 색을 옅게 하거나 눈썹결을 정리해주는 브러시이다. 또한 마스카라가 뭉쳐지게 발라졌을 때 가볍게 빗어주는 경우에도 사용한다.

[스크루 브러시]

⑧ 아이브로우 콤 브러시(Eyebrow Comb Brush)

헤어가 있는 방향의 브러시는 눈썹색의 농도 조절, 방향, 형태를 정리할 때 사용하며, 플라스틱 빗형태로는 눈썹 길이를 체크하여 고르게 커팅할 때, 마스카라 사용 후 눈썹이 뭉쳐 엉겨붙지 않게 빗어주는 역할을 한다.

[아이브로우 콤 브러시]

⑨ 립 브러시(Lip Brush)

립 브러시는 부드럽고 탄력있는 담비털과 같은 소재가 좋다. 끝이 둥근 라운드형 브러시는 곡선적인 입술을 그릴 때, 스트레이트형 브러시는 각진 입술과 구각을 그릴 때 용이하다.

[립 브러시]

2) 기타 도구 및 물품

(1) 스펀지(Sponge)

파운데이션이나 베이스 등을 쉽게 펴 바를 때 사용한다. 스펀지 종류에는 라텍스 스펀지(latex sponge), 합성 스펀지(complex sponge), 해면 스펀지(sea sponge)가 있으며 모양도 여러 종류가 있다.

메이크업 부위에 맞춰 잘라 쓰기도 하며 사용 후 가위로 잘라 내거나 세척하여 사용하기도 하지만 고객용으로 사용시는 1회용을 사용한다.

[스펀지]

(2) 파우더 퍼프(Powder Puff)

페이스 파우더를 바를 때 사용하는 분첩이며 면퍼프가 부드럽고 뭉치지 않게 발려진다.

퍼프는 모델의 얼굴과 메이크업 아티스트의 손이 접촉되어 일어나는 화장의 흐트러짐이나 비위생적인 문제점을 방지하는 역할을 한다.

사용 후 미지근한 물의 중성세제를 이용하여 형태를 유지하면서 세척하며 마른 수건 위에서 건조한다. 퍼프는 2개 이상 준비해야 한다.

[파우더 퍼프]

(3) 눈썹 정리용 커터(Cutter)

눈썹을 정리하는 전용 칼로서 눈썹이 난 방향과 반대로 커팅하며 소모품이다.

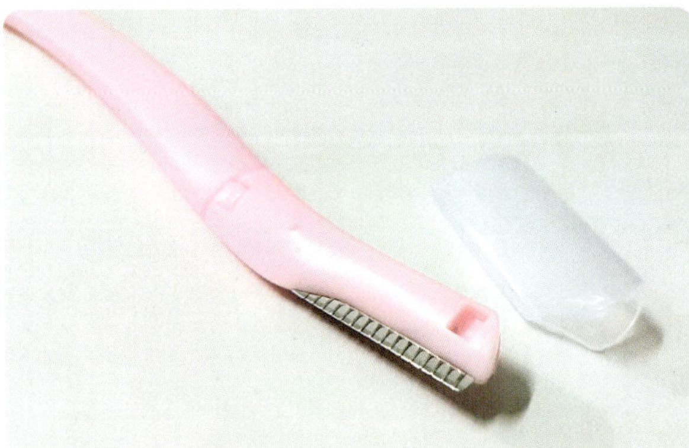
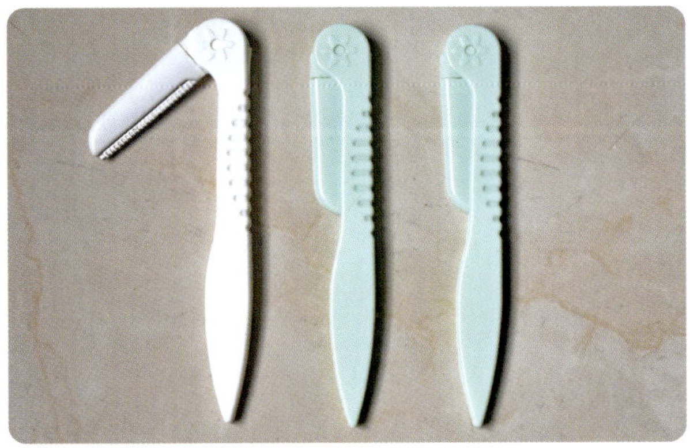

[눈썹 정리용 커터]

(4) 눈썹 수정 가위

눈썹 수정 시 불필요한 눈썹을 잘라 내거나 인조속눈썹을 다듬거나 잘라낼 때 사용된다.

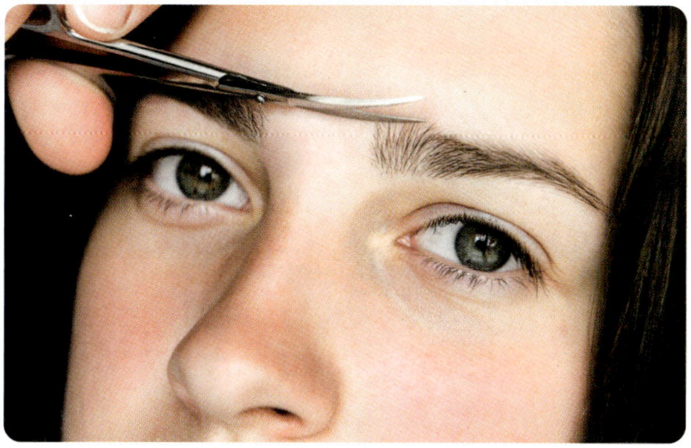
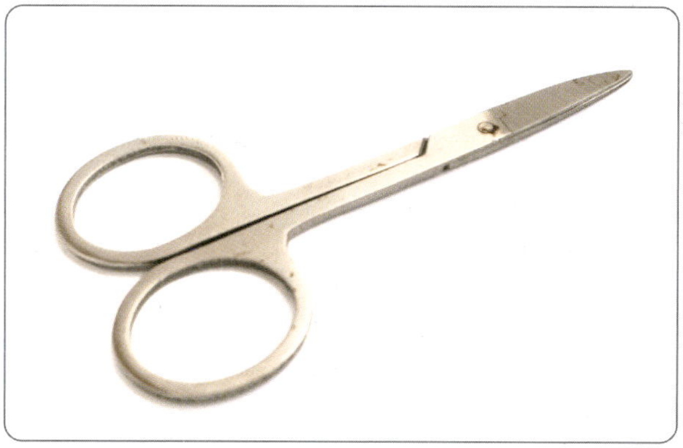

[눈썹 수정 가위]

(5) 족집게(Tweezer)

얼굴에 묻은 이물질을 제거하거나 눈썹 정리 시 또는 인조 속눈썹을 붙일 때에도 사용한다.

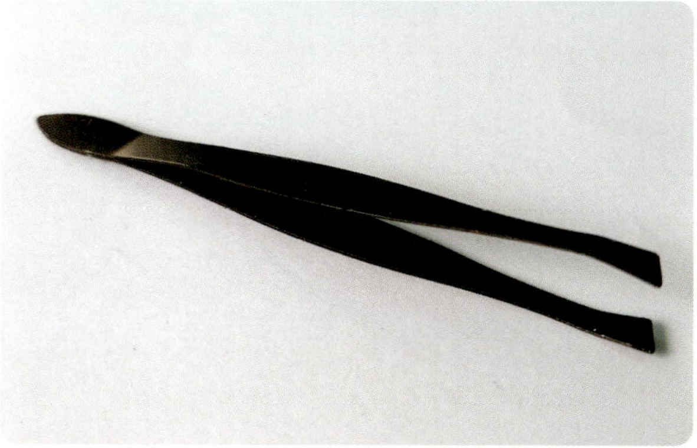

[족집게]

(6) 스패출러(Spartular)

스테인리스 스틸이나 플라스틱으로 된 것이 있으며, 립스틱, 크림, 파운데이션 등을 용기에서 덜어내어 위생적으로 사용할 수 있으며, 색상을 섞거나 농도를 조절할 때도 사용된다.

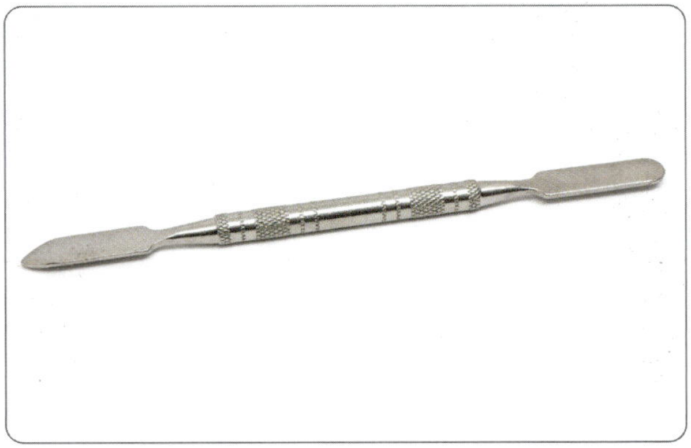

[스패출러]

(7) 아이래쉬 컬러(Eyelash Curler)

속눈썹에 자연스러운 컬을 주어 곡선으로 올려주는 기구로서 고무에 탄력이 있는 스테인레스 스틸 제품을 사용하는 것이 좋다. 충전식 눈썹 고데기로 간편하고 빠르게 효과를 볼 수 있는 제품도 있다.

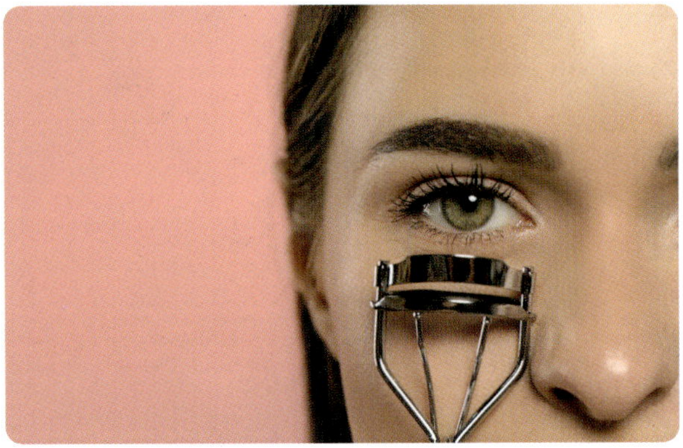

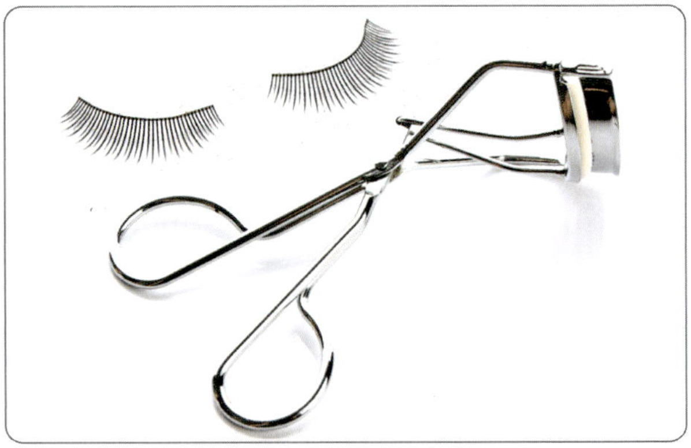

[아이래쉬 컬러]

(8) 파레트(Palette)

파운데이션, 립스틱, 크림타입 컬러 등 기타 다른 재료를 혼합할 때 사용되는데 섞기가 용이하고 위생적이다. 스테인리스 스틸이나 종이, 고무로 된 재질이 있다.

[파레트]

(9) 화장솜

화장솜은 토너 등의 화장수를 바를 때나 피부 표면의 각질 제거, 아이섀도우, 립스틱, 마스카라 등 포인트 메이크업을 지우는 역할도 한다.

[화장솜]

(10) 티슈

피부에 피지나 크림 등의 유분기를 제거하거나 아이샤도우, 파우더의 농도 조절, 브러시에 묻은 아이섀도우 컬러의 농도 조절, 립 컬러를 바르고 고착시키기 위해 누를 때 사용할 때 사용한다.

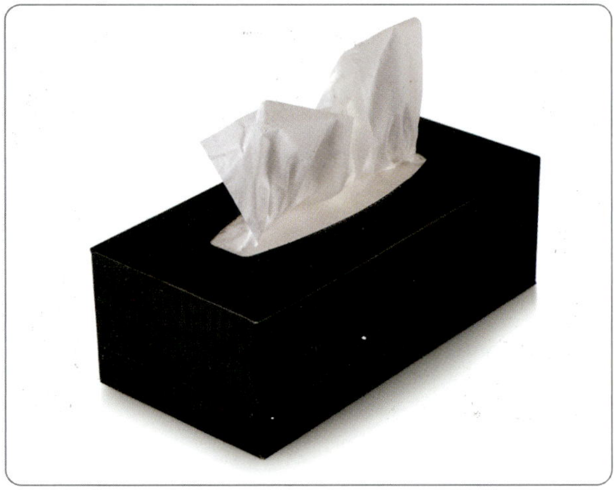

[티슈]

(11) 면봉

메이크업을 깔끔하게 유지할 수 있도록 하므로 항상 준비한다. 양쪽 눈 끝이나 언더라인을 깨끗하게 해주거나 섀도우를 자연스럽게 펴주며 잘못된 립스틱을 수정, 아이라인이나 마스카라가 번진 경우에도 수정 시 사용된다.

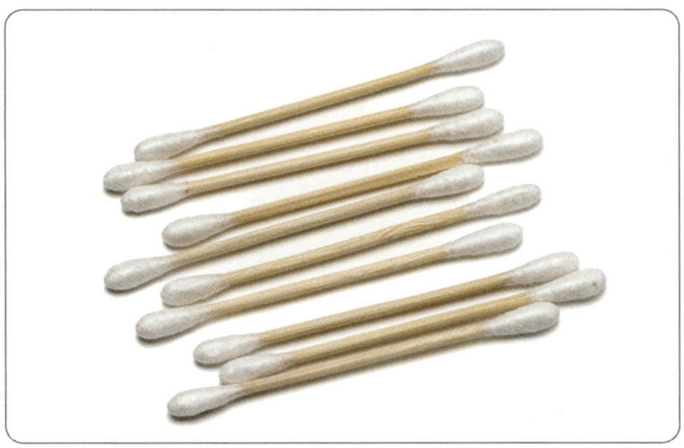

[면봉]

4 메이크업 환경 및 위생

1) 메이크업 환경관리

메이크업 숍은 많은 사람들이 오가는 곳이므로 청결과 위생 및 환기가 기본적인 사항이다. 작업실과 화장대 및 상담실의 환경을 수시로 점검함으로써 아티스트와 고객, 직원들의 위생관리와 건강에 해로운 요인들을 수시로 점검해야 한다.

[위생적인 메이크업 숍]

(1) 환기

- 메이크업 숍은 항상 밝고, 따뜻하고, 적절한 통풍으로 신선하며 깨끗하고, 위생적인 환경이 유지되어야 한다.
- 실내 환기 시설을 설치하여 쾌적한 실내 공기를 유지한다.
- 실내 공기는 온도와 습도가 적당해야 하며, 통풍이 잘되어야 하고 나쁜 냄새가 나지 않도록 한다.
- 배출 통풍기와 에어컨으로 통풍과 온도, 습도를 조절해 주며 실내 온도는 25℃ 정도로 유지시키는 것이 적절하다.
- 바람이나 온도 차에 의해 이루어지는 환기로, 실내·외의 온도 차가 5℃ 정도가 되면 공기의 순환이 촉진되며 창문을 여는 방법을 이용한다.

• 환풍시설, 냉·난방 시설의 필터를 깨끗히 청소하고 주기적으로 필터교체를 한다.

(2) 실내 작업장 관리

• 메이크업 숍 안의 벽, 커튼, 거울과 작업대 위, 바닥을 자주 청소하여 청결을 유지해야 한다.
• 고객이 착용한 가운이나 머리띠는 다시 세탁해서 소독이 될 때까지 다른 고객이 착용하지 않도록 주의한다.
• 눈 주위나 입술 등 민감한 점막 부위를 다루는 기구나 도구는 특별히 위생과 소독에 신경써야 한다.
• 아티스트는 작업 시작 직전 반드시 알콜 솜이나 스프레이를 뿌려 손 소독을 실시한 다음 작업을 시작하고 구취에 신경써야 한다.
• 작업장을 요리와 숙소 등의 생활 공간으로 사용하지 않아야 한다.
• 바닥에 떨어진 쓰레기는 즉시 주워서 밀폐된 용기 안에 두어야 하며, 쓰레기통은 자주 깨끗하게 비워 쓰레기가 없게 해야 한다.
• 화장실은 청결을 유지하고 비누, 종이 수건, 화장지를 준비해 두어야 한다.
• 모든 더러워진 물건과 사용한 것들은 사용 후 즉시 작업장에서 치운다.
• 사용한 물건과 사용하지 않은 위생적인 것들이 섞여서는 안 된다.

[메이크업 숍의 환경관리]

(3) 소독

- 일반 실내 소독 : 2% 석탄산 용액, 3% 크레졸 용액, 요오드 포르액, 역성비누
- 화장실, 쓰레기통, 하수구 : 분변에는 생석회, 변기 또는 화장실내에는 석탄산수, 크레졸수, 포르말린 수를 뿌린다.
- 대소변, 배설물, 토사물 : 소각, 소독약품(석탄산 수, 크레졸 수, 생석회 분말 등), 모직물 : 일광소독, 증기소독, 자비소독을 사용하거나 크레졸수, 석탄산수에 2시간 정도 담근다.
- 살균기 내의 화학 용액들을 자주 교환한다.

5 위생과 소독

위생은 오염과 감염의 요소로부터 보호하여 건강에 유익하도록 하는 것으로 병원균의 성장을 막고 감염된 질병의 위험을 줄이기 위해서 어떤 대상 물질을 깨끗하고 안전하게 만드는 과정이다.

[소독]

[위생]

소독은 병원성의 유무에 관계 없이 세균, 곰팡이, 바이러스와 같은 모든 미생물들을 파괴함으로써 어떤 물질을 병원균으로부터 안전하게 보호하는 과정이다.

소독과 위생은 병원균의 생장을 막거나 이들을 완전히 사멸시키기 위해 사용되는 방법들을 다루기 때문에 메이크업 아티스트에게 있어서는 매우 중요하다.

대학교 실습실에서나 메이크업 숍에서 안전하고 철저한 위생 관리 방법을 배우고 실시하며 모든 작업장과 도구와 장비, 아티스트의 손 소독과 위생복 착용은 늘 점검해야 한다.

실내 공간이나 환경과 더불어 특히 브러시, 분첩, 스패출러, 눈썹 칼, 눈썹 가위, 족집게 등과 같은 기구들을 위생 처리할 수 있는 장비를 갖추어야 한다.

[위생과 소독]

6 위생과 소독의 방법

1) 자연 소독법

(1) 희석(Dilution)에 의한 자연소독법

살균의 효과는 없지만 세균의 군락(Colony)을 형성할 수 없도록 하여 발육은 지연시키는 방법이다.

(2) 저온(한랭, Cold)에 의한 자연 소독법

저온을 이용하여 세균의 신진대사 기능과 증식을 억제시키는 방법, 세균을 사멸시키지는 못한다.

(3) 태양광선(Sunlight)

태양광선 중 도노선(Dorno Ray) 290~320nm을 이용하여 살균시키는 방법이다.

2) 물리적 소독법

(1) 건열(Dry Heat)에 의한 소독법

① 건열 멸균법

건열(Dry heat)을 이용하여 160~180℃로 1~2시간 동안 멸균하며 유리나 분말, 스테인리스류, 거즈 등의 소독에 이용한다.

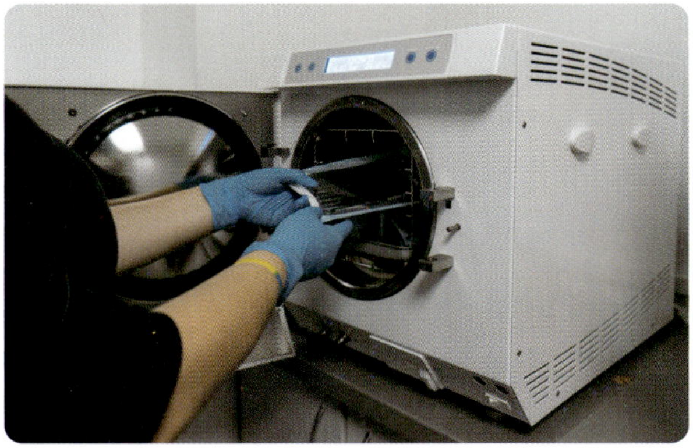

[물리적 소독법]

② 화염 멸균법

불꽃에 20초 이상 접촉시켜 소독하며 핀셋, 금속, 유리 제품의 소독에 이용한다.

③ 소각 소독법

소각장에서 불에 태워 처리하는 가장 쉽고 안전한 방법으로 쓰레기, 재활용이 불가한 일회용 물질, 객담, 의류, 휴지, 토사물 등의 소독에 이용한다.

(2) 습열을 이용한 방법

① 자비 소독법

소독물을 100℃에서 20분 이상 끓는물에 직접 넣어 사멸하며 금속 기구, 접시, 도자기, 의류, 유리 제품의 소독에 이용한다.

② 고압증기 멸균법

고온, 고압의 수증기를 120~135℃, 15~20분 동안 미생물과 포자에 접촉시켜 사멸하며 아포 및 모든 미생물을 빠른 시간 내에 사멸시키는 가장 효과적이고 경제적인 방법으로 가장 널리 사용된다. 주로 수술기구, 금속제품, 린넨류, 유리, 고무제품, 도자제품에 이용한다.

3) 자외선 소독법

260nm~280nm의 자외선을 이용하여 살균하며 브러시나 메이크업 도구들을 위생적으로 유지하는데 효과적이다. 이러한 물건들은 소독기 안에 넣기 전에 비누와 물로 도구들을 깨끗이 세척하고 이들을 알코올 용액 속에 담가 두었다가 건조시킨 후 자외선 소독기에 보관하고 사용하도록 한다.

자외선 소독기는 일단 살균된 기구들을 위생적으로 보관하기 위해서 메이크업 숍에서 이용된다.

[자외선 소독법]

4) 화학적 소독법

(1) 알코올

일상적으로 수용액에서 살균력이 가장 강하므로 도구 및 기구 소독에 가장 널리 이용되나 세균 포자 및 사상균에 대해서는 효과가 없으며 가격이 저렴한 장점이 있다.

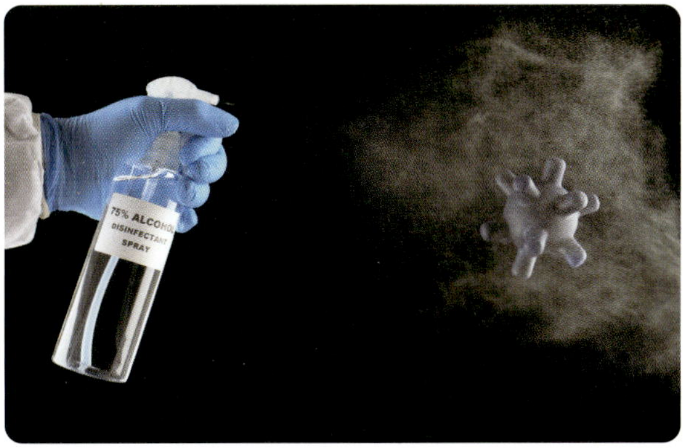

[화학적 소독법]

(2) 에탄올(Ethanol)

의료용 소독제로 가장 흔하게 사용된다. 70~80% 농도 사용하며 손, 피부 및 기구 소독에 주로 사용한다.

(3) 과산화수소

과산화수소를 2.5~3% 수용액(옥시풀)으로 사용하며 이는 자극성이 적어 상처의 표면과 인후염, 구내염 등에 이용한다. 과산화수소는 농도가 진한 것은 약 35%로 피부에 닿으면 화상을 입을 수 있기 때문에 조심히 다루어야 한다. 과산화수소는 높은 온도에서 분해가 되기 쉬우므로 보관할 때에는 갈색병에 넣어 보관한다.

(4) 메탄올(Methanol)

알코올계 유기화합물로 메틸알코올은 피부나 손에 손상을 줄 수 있으며 가연성이기 때문에 열이나 불꽃에 노출된 곳 근처에서 사용할 때는 주의해야 한다.

(5) 염소

살균력, 자극성, 부식성 등이 강하여 상하수도의 소독에 주로 쓰인다. 염소 소독제를 사용할 때는 소독제의 사용 농도와 작용 시간을 지키는 것이 중요하다.

02 CHAPTER 고객 응대

1 고객의 요구와 서비스 전략

1) 커뮤니케이션(Communication)

'커뮤니케이션'은 '정보, 생각, 감정, 아이디어' 등을 전달하고 교환하는 프로세스를 말한다. 이는 사람들 간 또는 조직 내에서 이루어지며, '의사소통'이라고도 불리고 사회적 상호작용과 협력의 중요한 요소로 작용하며, 사람들이 서로 이해하고 소통하기 위해 사용하는 수단이다.

커뮤니케이션은 다양한 방식으로 이루어질 수 있는데 말과 언어를 사용한 커뮤니케이션, 글과 문서를 사용한' 서면 커뮤니케이션', 몸짓과 표정을 사용한 '비언어적인 커뮤 니케이션' 등이 있다. 또한, 기술의 발전으로 인해 전화, 이메일, SNS 채팅 등을 통한 '원격 커뮤니케이션'도 일상적으로 이루어지고 있다.

커뮤니케이션을 효과적으로 이루기 위해서는 상황에 맞는 언어와 톤, 목적에 따른 정보의 선택과 구성, 청중의 특성을 고려한 전달 방식 등이 중요한 요소이며 또한 송신자와 수신자 간의 상호작용으로 이루어지기 때문에 수신자의 피드백과 이해도를 확인하고 조정하는 것도 중요하다.

커뮤니케이션은 개인적인 관계에서부터 비즈니스, 정치, 교육 등 모든 분야에서 필요한 기술이다. '효과적인 커뮤니케이션'은 관계의 개선, 문제 해결, 협력 강화 등에 도움을 줄 수 있으며, 반대로 부적절하거나 오해를 일으키는 커뮤니케이션은 갈등과 혼란을 야기할 수 있다.

따라서, 커뮤니케이션의 개념과 원칙을 이해하고 적용하여 상호간의 소통과 협력을 원활하게 하는 것이 중요하다.

'커뮤니케이션'은 다양한 유형으로 분류될 수 있는데 일반적으로 사용되는 몇 가지 커뮤니케이션 유형은 다음과 같다.

(1) 말하기(Oral Communication)

말로 정보를 전달하고 의사소통하는 것으로 대화, 회의, 발표 등을 통해 이루어진다.

(2) 쓰기(Written Communication)

글로 정보를 전달하고 의사소통하는 것으로 이메일, 보고서, 편지, 메모 등을 통해 이루어진다.

(3) 비언어적 커뮤니케이션(Nonverbal Communication)

말이나 글을 사용하지 않고도 정보를 전달하고 의사소통하는 것으로 '얼굴 표정', '몸의 움직임', '손짓' 등을 통해 이루어진다.

[비언어적 커뮤니케이션]

[얼굴표정]

[손짓]

[몸의 움직임]

(4) 청취(Listening)

상대방의 의사를 이해하고 받아들이는 것으로 효과적인 커뮤니케이션을 위해서는 상대방의 발언을 주의 깊게 듣고 이해하는 것이 중요하다.

(5) 비언어적 청취(Nonverbal Listening)

말로 표현되지 않은 정보나 감정을 파악하는 것으로 목소리 톤, 표정, 몸의 움직임 등을 통해 의미를 추론할 수 있다.

(6) 그림/도표(Visual Communication)

그림, 도표, 차트 등 시각적인 수단을 사용하여 정보를 전달하고 의사소통하는 것이다.

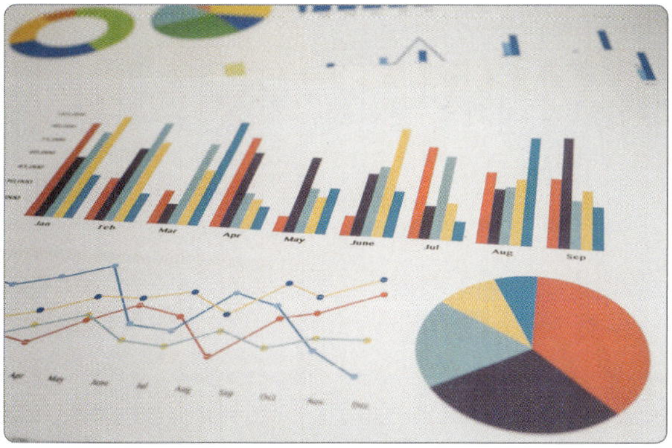

[그림, 도표, 차트]

(7) 멀티미디어 커뮤니케이션(Multimedia Communication)

텍스트, 이미지, 오디오, 비디오 등 다양 한 형식의 미디어를 사용하여 정보를 전달하고 의사소통하는 것이다.

(8) 대인 커뮤니케이션(Interpersonal Communication)

개인 간에 이루어지는 일대일 혹은 소규모 그룹의 커뮤니케이션을 의미한다.

(9) 대중 커뮤니케이션(Mass Communication)

많은 사람들에게 동시에 정보를 전달하고 의사소 통하는 것으로 뉴스, 방송, 광고 등을 통해 이루어진다.

2) 표정 연출

(1) 표정 연출법

표정 연출법은 특정 감정이나 상황을 나타내기 위해 얼굴 표정을 조절하고 사용하는 기술로 이러한 표정 연출은 연기, 말하기, 사진 촬영, 영상 제작 등 다양한 상황에서 활용될 수 있으며 다음과 같은 요소들이 사용된다.

① 미소(Smile)

미소는 친근하고 긍정적인 이미지로 일반적인 미소, 큰 웃음, 사회적인 미소 등 다양한 미소 표정을 활용할 수 있다.

[미소]

② 찡그림(Frown)

찡그림은 불편, 걱정, 불만 등 부정적인 감정을 나타내며 슬픔이나 분노와 같은 감정을 표현할 수 있다.

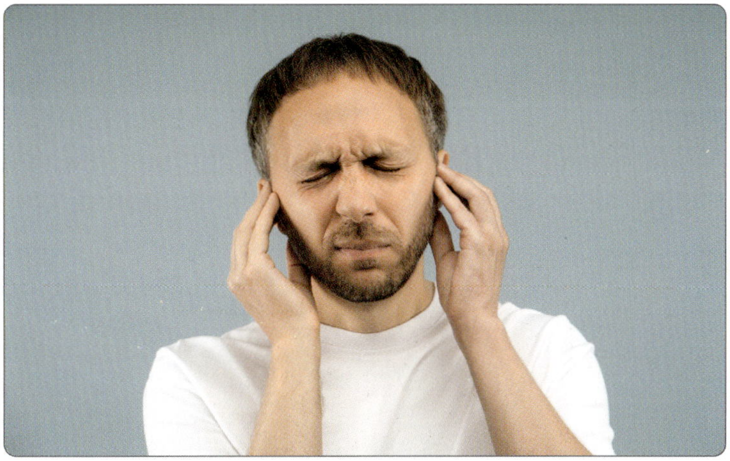

[찡그림]

③ 깜짝임(Surprise)

깜짝임은 놀람이나 충격을 나타낸다. 눈을 크게 뜨고 입을 벌리는 등의 표정을 사용하여 깜짝임을 연출할 수 있다.

④ 화남(Anger)

화남은 분노나 적대감을 나타내는 감정으로 이마 주름, 입을 굳게 다문 상태 등을 통해 화남을 표현할 수 있다.

[화남]

⑤ 슬픔(Sadness)

슬픔은 비애나 우울함을 나타내는 감정으로 눈가 주름, 입꼬리가 내려간 표정 등을 사용하여 슬픔을 연출할 수 있다.

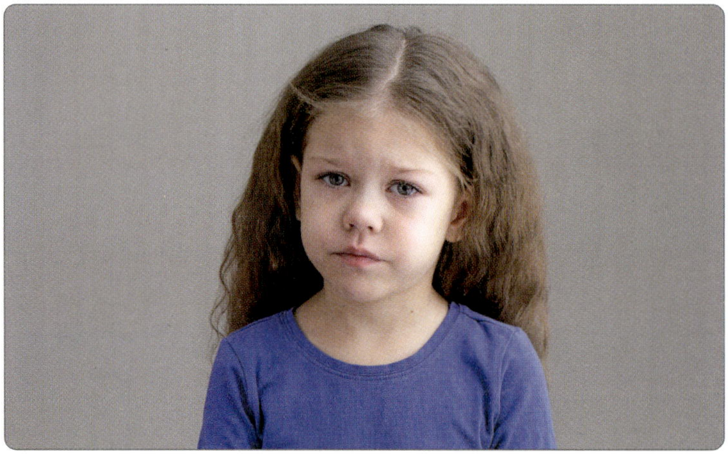

[슬픔]

⑥ 놀람(Fear)

놀람은 공포나 불안을 나타내는 감정으로 눈을 크게 뜨고 입을 벌리며 귀를 앞으로 기울이는 표정을 사용하여 놀람을 표현할 수 있다.

[놀람]

⑦ 피곤함(Tiredness)

피곤함은 피로나 지침을 나타내는 감정으로 눈이 반쯤 감기고 얼굴이 표정이 피곤해 보이는 표현을 사용하여 피곤함을 연출할 수 있다.

[피곤함]

⑧ 기쁨(Joy)

기쁨은 큰 기쁨이나 즐거움을 나타내는 감정으로 눈이 반짝이고 입꼬리가 올라간 웃음을 통해 기쁨을 표현할 수 있다.

[기쁨]

(2) 스마일 트레이닝(Smile Traing)

스마일 트레이닝은 더 자연스러운, 매력적인 미소를 연출하기 위해 사용되는 훈련 방법이다. 얼굴 근육을 강화하고, 표정을 조절하며, 자신감을 향상시키는데 도움을 준다.

스마일 트레이닝은 꾸준한 연습과 시간이 필요한데 주의해야 할 점은 과도한 연습으로 인해 표정이 강제로 억지스러워지지 않도록 해야 하며 다음과 같은 기술과 연습이 효과적이다.

① 거울 앞에서 연습하기

거울 앞에서 자신의 표정을 관찰하고 스마일을 연습한다. 다양한 스마일 표정을 시도하고 어떤 표정이 더 자연스럽고 매력적인지 확인한다.

[거울 앞에서 연습하기]

② 근육 강화 운동

얼굴 근육을 강화하기 위해 표정 운동을 연습하는데 이는 미소 근육을 강조하고 제어할 수 있는 능력을 향상시킨다. 예를 들어, 입술을 확장하고 점점 미소를 넓혀보거나, 입술을 약간 옆으로 당기는 등의 운동을 할 수 있다.

[근육 강화 운동]

③ 긍정적인 상상력 연습

스마일 트레이닝 중에는 긍정적인 이미지를 상상하며 스마일을 연습하는 것도 도움이 된다. 즐거운 상황이나 웃긴 일을 상상하고 그에 맞는 스마일을 연출해본다.

④ 일상 생활에서 스마일 연습하기

스마일 트레이닝은 일상생활에서도 적용할 수 있다. 다른 사람들과 대화하거나 소통할 때 의식적으로 스마일을 지으며 자신의 표정을 조절한다.

⑤ 자신감 강화

스마일 트레이닝은 자신감을 향상시키는 데 도움을 준다. 자신의 외모와 표정에 대한 긍정적인 자아 이미지를 형성하고, 스마일로 자신을 더욱 매력적으로 보이게 할 수 있다.

(3) 보이스 연출법

보이스 연출법은 음성을 효과적으로 사용하여 의사소통하고 상황에 적합한 효과를 내는 기술로 연기, 말하기, 발표, 방송, 녹음 등 다양한 상황에서 활용될 수 있다. 음성 훈련, 연습과 경험을 통해 보이스 연출 기술을 개선할 수 있다. 음은 보이스 연출법의 몇 가지 요소에 대한 설명이다.

① 발음(Pronunciation)

올바른 발음은 명확하고 이해하기 쉬운 음성 전달을 도와준다. 각 단어의 음절, 알파벳, 발음기호 등을 올바르게 구사하는 것이 중요하며 특히 외래어나 전문 용어 등에 대한 발음에 주의해야 한다.

② 발성(Articulation)

발성은 음절이나 단어를 명확하게 발음하고 구별하도록 하는 것으로 각 음절을 정확하게 발성하고, 발음이 모호하지 않도록 구별되게 발음하는 것이 중요하다. 발음과 발성은 언어의 이해도와 의사소통에 큰 영향을 미친다.

③ 강세와 강조(Stress and Emphasis)

문장이나 구절에서 특정 단어나 음절에 강세를 두거나 강조하여 의미를 명확히 전달할 수 있다. 강세와 강조를 적절히 사용하여 중요한 내용을 강조하고, 감정이나 의도를 전달할 수 있다.

④ 톤(Tone)

톤은 음성의 감정적인 특성을 나타내며 목소리의 톤은 말하는 사람의 태도, 감정, 의도 등을 전달한다. 상황에 맞는 톤을 선택하여 적절한 감정이나 의도를 표현할 수 있으며 톤은 활기차고 열정적인 톤, 진지하고 공손한 톤, 부드럽고 친근한 톤 등 다양한 스타일로 사용될 수 있다.

⑤ 속도와 리듬(Pace and Rhythm)

발음의 속도와 리듬은 의미 전달과 이해에 영향을 준다. 적절한 속도로 발음하여 청중이 이해하기 쉽고 따라가기 편하게 할 수 있으며 문장 간의 간격과 흐름을 조절하여 발화의 리듬을 조절할 수 있다.

⑥ 감정 표현(Emotional Expression)

음성을 통해 감정을 표현하고 전달하는 것은 의사소통의 효과를 높일 수 있다. 목소리의 변화, 음조의 조절, 감정에 맞는 표현 등을 통해 감정을 자연스럽게 전달할 수 있다.

(4) 보디랭귀지(Body language) 표현법

보디랭귀지는 비언어적인 수단으로써 우리의 자세, 태도, 움직임 등을 통해 표현하는 것을 말한다. 보디랭귀지는 말보다 강력한 의사소통 도구로 작용하며, 상황에 따라 다양한 메시지를 전달할 수 있으며 상황에 따라 표현법은 달라질 수 있다.

자세, 제스처, 표정 등을 적절히 사용하여 상대방과의 의사소통을 더욱 효과적으로 하도록 연습하고 익히는 것이 중요하다. 다음은 보디랭귀지를 표현하기 위한 요소들이다.

① 자세(Posture)

자세는 우리의 태도와 감정을 보여준다. 바른 자세는 자신감과 자연스러움을 나타내며, 몸을 편안하고 긴장을 늦추는 역할을 한다. 직립 자세, 어깨를 펴고 등을 피고, 허리를 편하게 유지하는 것이 중요하다.

② 손 제스처(Hand Gestures)

손 제스처는 말을 보조하고 강조하는 데 사용된다. 손을 움직이는 것으로 감정, 설명, 강조 등을 전달할 수 있으며 다양한 손 모양과 동작을 사용하여 효 과적인 손 제스처를 연습할 수 있다.

③ 눈동자와 시선(Eye Contact and Gaze)

눈동자와 시선은 상대방과의 연결과 관심을 나타낸다. 직접적인 눈맞춤과 적절한 시선은 신뢰와 소통을 촉진하고 상대방과의 눈맞춤을 피하지 않고, 너무 긴 시간 동안 응시하지 않는 것이 중요하다.

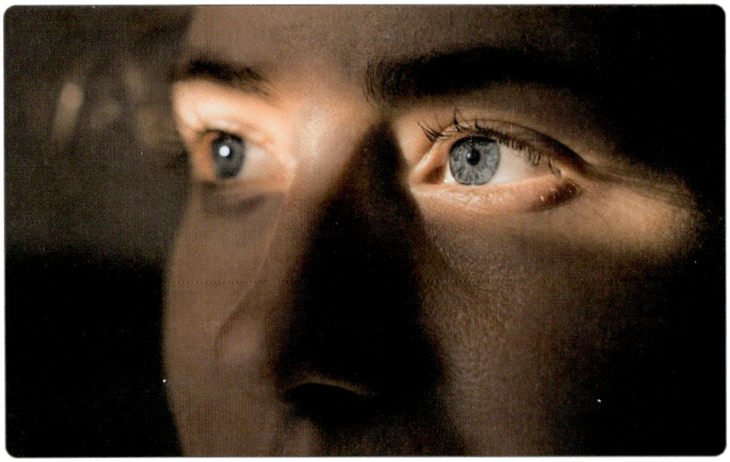

[눈동자와 시선]

④ 워킹(Walking)

워킹은 자신의 태도와 자신감을 보여주는 데 중요한 역할을 한다. 바른 자세와 우아한 걸음걸이와 일정한 속도와 자연스러운 움직임을 유지하며, 자신의 태도를 잘 표현할 수 있도록 노력해야 한다.

⑤ 표정(Facial Expressions)

표정은 우리의 감정과 의도를 나타낸다. 다양한 표정을 사용하여 기쁨, 분노, 슬픔, 놀람 등을 표현할 수 있으며 자연스럽고 일치하는 표정을 연습하여 명확하고 일관된 메시지를 전달할 수 있다.

⑥ 몸의 움직임(Body Movements)

몸의 움직임은 우리의 의도와 에너지를 전달한다. 팔의 움직임, 몸의 회전, 허리의 동작 등을 통해 자신의 자신감이나 열정을 나타낼 수 있으며 몸을 자유롭게 움직이고 균형을 유지하는 것이 중요하다.

3) 대화법

대화법은 상대방과의 의사소통을 원활하게 이루기 위해 사용되는 기술과 접근 방법으로 좋은 대화를 이루기 위해 도움이 되는 지침이다. 실제 대화에서는 상황과 상대방의 특성에 따라 유연하게 대응해야 하며, 연습과 경험을 통해 개선할 수 있다. 다음은 대화법의 몇 가지 요소에 대한 설명이다.

(1) 적극적인 듣기

대화의 핵심은 상대방을 존중하고 이해하려는 자세로 듣는 것이다. 적극적인 듣기는 진정으로 관심을 가지고, 상대방의 이야기에 집중하며, 비판이나 판단을 내 세우지 않는 것을 의미한다. 상대방의 말을 인정하고 이해하기 위해 질문을 하며 상황에 맞는 피드백을 제공하는 것이 중요하다.

(2) 문제 해결과 협력

대화는 종종 문제 해결과 협력의 과정으로 서로의 의견을 이해하고 존중하며, 서로의 요구와 필요를 고려하면서 해결 방안을 찾아가는 것이 중요하다. 갈등이나 의견 충돌이 있을 때는 상대방의 관점을 이해하려고 노력하고, 상호간의 협의와 타협을 통해 해결책을 찾아나가야 한다.

(3) 명확하고 간결한 표현

대화에서 명확하고 간결한 표현은 오해를 방지하고 의사소통을 원활하게 한다. 명확하고 구체적인 언어를 사용하여 의미를 명확히 전달하고, 중복되거나 모호한 표현을 피하는 것이 중요하며 간결하게 요점을 전달하고, 필요한 정보를 제공하는 것이 좋다.

(4) 적절한 비언어적 요소 활용

말뿐만 아니라 비언어적인 요소도 대화에서 중요한 역할을 한다. 표정, 제스처, 몸의 움직임 등을 적절히 활용하여 상대방에게 의도와 감정을 전달하고, 상황에 맞는 반응을 보이는 것이 중요하다.

(5) 상황에 맞는 대화 스타일

상황과 상대방에 맞는 대화 스타일을 선택하는 것이 중요하다. 공손하고 정중한 태도로 상대방과 대화하면서 상황에 따라 적절한 어조와 톤을 사용하고 각각의 상황과 상대방의 성격, 문화적인 차이 등을 고려하여 대화를 진행해야 한다.

2 고객 응대 및 서비스

1) 고객 서비스 마인드

(1) 사원 기본요소

① 의욕

- 의욕은 활기찬 매장 운영을 위한 기본이다.
- '모든 것의 기초가 되는 것이 의욕이다.'

② 체력

- 체력이란 건강과 마찬가지이다.
- '건강은 매장 운영 시 중요한 시기에 영향력을 발휘하고 끈기 있게 업무를 수행하는 원동력이다.'

③ 애정

- 자신 일에 대한 애정이 고객에 대한 애정이며 상품을 사랑하고 매장 (동료 사원 포함)을 사랑하는 것이다.
- '고객을 사랑하는 판매사원은 고객의 마음을 알고 지금 고객이 무엇을 원하고 있는가를 손쉽게 알게 된다.'
- '판매 상품 및 근무 상황에 애정을 품고 있다면 고객에 대해서도 자신감을 가지고 권할 수 있게 된다.'

[자신감 있는 미소]

(2) 샵 사원 행동의 5S 원칙

① SMILE(웃는 얼굴)

밝은 마음, 감사의 마음은 웃음을 띤 얼굴과 미소로써 표현된다.

㉠ 에티켓 : 상대에게 폐를 끼치지 않는 것이다.

㉡ 스마일의 3요소 : 건강, 정신적인 여유, 고객의 입장을 헤아리는 것이다.

② SPEED(신속)

신속한 움직임으로 활기와 밝은 분위기를 연출하며, 기다리지 않게 하는 것이 서비스의 중요한 분야이다.

③ SMART(기법, 아름다움)

정교, 공들인다, 깨끗한 것

㉠ 손재주가 있어야 하는 일을 능숙하게 해냈을 때 신뢰를 얻는다.

㉡ 포장이나 동작 등은 예쁘고 능숙하게 한다.

[포장이나 동작 등을 예쁘고 능숙하게 한다]

④ SINCERITY(성실)

인간으로서도 사원으로서도 근본이 되는 중요한 마음가짐이다.

⑤ STUDY(연구)

자기 계발, 꾸준히 공부한다.

㉠ 반드시 매장 근무 시 사원의 이름·신상에 대해 기억한다.

㉡ 고객 응대 스킬 및 상품 지식을 연구한다.

(3) 서비스마인드 제고를 위한 기초사항

① 복장과 용모를 단정히 한다.

② 출퇴근 시간 등을 엄수한다.

출근하면 상사나 동료에게 먼저 인사하며 퇴근 시에는 자신에게 주어진 공간을 정리정돈한다.

③ 근무 시간에는 정해진 장소 주어진 업무에 전념한다. 어쩔 수 없는 이유로 일하는 장소를 이탈해야 할 때는 상사 또는 동료에게 용건, 소요 시간 등을 말한다.
④ 어쩔 수 없는 사정으로 지각, 조퇴, 결근할 경우 반드시 사전에 상사에게 보고해야 한다. 어쩔 수 없는 사정이 있을 때는 반드시 사전에 상사에게 보고해야 한다.
⑤ 업무상 실수나 불만 제기가 있는 경우 곧바로 상사에게 보고한다.
⑥ 자리를 이석할 때 동료에게 업무인계를 확실히 한다.
⑦ 항상 반듯한 자세로 업무에 임해야 한다.
⑧ 고객 대기시간 중 불쾌한 행동이 발생하지 않도록 유의해야 한다.
⑨ 항상 신속하고 정확한 업무처리를 한다.
⑩ 밝은 미소와 따뜻한 말로 언제나 고객을 친절하게 응대한다.

[복장과 용모를 단정히 한다]

2) 서비스 이미지메이킹

(1) 서비스인의 이미지메이킹

이미지란 마음속에 그려지는 사물의 감각적 영상·심상이며 타인의 거울에 비친 모습이요, 자신이 타인에게 공개하도록 허락한 나의 총체이다.

① 이미지메이킹이란

㉠ 이미지메이킹의 중요성

이미지메이킹은 현대 생활 예절의 필요한 요소로서 자신을 돌보고 관리하는 것에서 시작하여 타인을 배려하는 것으로 이어지는 사회적 행위이다.

'이미지메이킹'은 자신을 좀 더 매력적으로 표현하고자 하는 것에서 시작하여 구체적으로 자신을 디자인해 나가는 과정이 되겠는데 이는 시각 언어의 효율적 사용을 통한 자신 최상의 모습을 끌어내는 일이다.

절제된 외모는 예의바른 행동을 불러오며 조화로운 자기관리는 좋은 이미지 창출에 기여한다. 자신의 차별화, 특성화 전략은 경쟁 시장에서의 성패를 좌우한다. 이처럼 자신의 단점을 보완하고 장점을 부각하는 효과적 기술로서의 이미지메이킹은 이제 특정 전문인에게만 국한된 분야가 아니라 현대인에게 있어 성공적인 삶을 위한 필수 요소이다.

㉡ 이미지의 어원

이미지(Image)는 라틴어 이마고 (Imago: 흉내 내다)가 그 어원이며, 사전적인 의미로는 형태나 모양, 느낌, 영상, 관념 등을 의미한다. 따라서 이미지는 어느 대상, 특히 사람의 경우 외적인 모습, 상상, 또는 상징, 표상이라고 정의된다.

㉢ 이미지에 대한 느낌, 생각

한 사람이나 한 기업의 모습을 떠올리면 그 사람이나 그 이름과 함께 마음속에 떠올려지는 얼굴, 생김새, 표정, 음성, 말투, 옷차림, 걸음걸이, 함께 있을 때의 느낌, 성격, 신뢰감 등 수많은 생각들이 엉키고 풀리면서 점차 하나의 형체가 만들어진다. 이렇게 우리 나름의 사고와 취향에 따라 편집되어 만들어지는 그 사람이나 그 기업에 대한 생각의 덩어리, 하나로 통합되는 독특한 감정, 고유한 느낌들이 있는데 이것이 한 사람이나 한 기업이 가지고 있는 행위 결과로서의 이미지라고 할 수 있다.

(2) 호감 이미지를 위한 '체스(CHES)의 법칙'

① C -(Chin-턱)

- 턱은 약간만 들어도 차갑거나 권위적인 느낌을 준다.
- 하지만 너무 내리면 눈치를 보는 소심한 이미지를 주기가 쉽다.

② H -(Head-머리)

- 머리를 한쪽으로 기울이면 의심하거나 무성의해 보일 뿐만 아니라, 시선이 곁눈질이 될 수 있으니 주의한다.

③ E- (Eye-눈)

- 눈은 눈동자만 돌리지 말고 고개 전체를 돌려서 상대방을 정면으로 쳐다보는 것이 신뢰감을 준다.

④ S -(Smile-미소)

- 항상 웃고 다니면 실없어 보이거나, 가벼워 보일까봐 웃지 못하는 사람이 많다. 하지만 부드러운 미소는 자신감의 표현이다.

(3) 이미지의 효과

① 부정성 효과(Negative Effect)

부정적인 정보가 나타나면 다른 긍정적인 정보보다 부정적인 것에 더 비중을 두고 인상을 평가한다.

② 초두 효과(Primary Effect)

대부분의 경우 먼저 제시된 정보가 나중에 들어온 정보보다 전반적인 인상 형성에 더욱 강력한 영향을 미치는 것을 말한다.

③ 인지적 구두쇠 효과

일반적인 사람들이 자기 주변의 것을 인식하는 데 있어 가능하면 큰 노력을 들이지 않으려는 속성이 있다.

④ 폴리아나(Polyamma Effect) 효과

기왕이면 좋게 사람들을 평가하려는 그런 경향을 말하며 '인물 긍정성 편향'이라고도 한다.

⑤ 후광 효과(Halo Effect)

어떤 사람이 가지고 있는 두드러진 특성이 그 사람의 다른 특성을 평가하는데 전반적인 영향을 미치는 효과

K BEAUTY

MAKEUP

PROFESSIONAL

PART 02

퍼스널 컬러

CHAPTER 01 퍼스널 컬러

K BEAUTY

MAKEUP

PROFESSIONAL

01 CHAPTER 퍼스널 컬러

1 퍼스널 컬러의 개념

퍼스널 컬러(Personal Color)란 개인이 가진 피부톤, 모발의 색, 눈동자의 색 등의 신체색에 잘 어울리는 색을 말한다. 신체색에 어울리는 색을 선택하면 피부가 밝아 보이고, 건강해 보이며 젊어 보이는 긍정적인 효과가 있다. 퍼스널 컬러 진단을 통해 잘 어울리는 색과 메이크업 이미지, 패션 코디네이션 등을 제안할 수 있다.

[퍼스널 컬러]

2 퍼스널 컬러의 유형

퍼스널 컬러는 크게 웜 톤(Warm Tone)과 쿨 톤(Cool Tone)으로 구분하며, 다시 봄, 여름, 가을, 겨울의 4계절 유형으로 분류한다. 봄과 가을은 웜 톤, 여름과 겨울은 쿨 톤이다.

1) 웜 톤과 쿨 톤의 유형 분류

(1) 웜 톤

웜 톤(Warm Tone)은 따뜻한 이미지로 옐로우 베이스(Yellow Base)라고도 말하며, 부드럽고 온화한 이미지의 색상이 주를 이룬다. 노란빛이 감도는 피부톤과 모발색, 눈동자색의 사람에게 잘 어울린다. 대표적인 색상으로는 옐로우, 옐로우 그린, 오렌지, 골드, 베이지 등이 있다.

[웜 톤의 색상]

(2) 쿨 톤

쿨 톤(Cool Tone)은 차가운 이미지로 블루 베이스(Blue Base)라고도 말하며, 흰색과 푸른색, 검은색 기운이 감도는 색상이 주를 이룬다. 핑크빛이 감도는 피부톤, 푸른기의 모발색과 눈동자색의 사람에게 잘 어울린다. 대표적인 색상으로는 화이트, 그레이, 블랙 등의 뉴트럴 톤의 색상과 블루, 네이비, 실버 등이 있다.

[쿨 톤의 색상]

2) 4계절 유형 분류

퍼스널 컬러는 봄, 여름, 가을, 겨울의 계절 특성을 반영하여 4계절 유형으로 분류한다. 봄과 가을은 웜 톤(옐로우 베이스), 여름과 겨울은 쿨 톤(블루 베이스)에 해당한다.

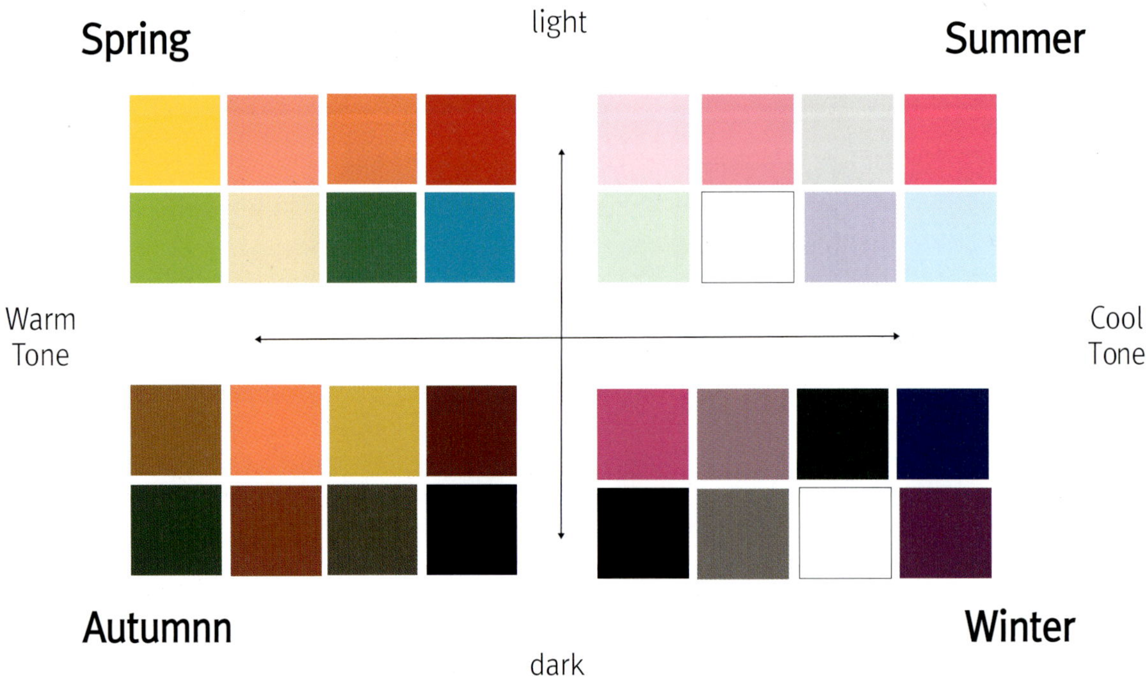

[퍼스널 컬러 4계절 유형 분류]

(1) 봄 유형

봄 유형의 사람은 밝은 노란빛이 감도는 피부톤과 밝은 갈색의 눈동자색과 모발색이 특징이다.

비비드 톤, 라이트 톤 등 생동감과 활력이 넘치는 고채도의 색상이 가장 잘 어울리며, 페일 톤, 화이티시 톤 등의 밝은 색도 추천된다. 대표적인 색상은 옐로우, 오렌지, 레드, 그린 계열이다.

콘트라스트, 멀티컬러, 악센트 등의 배색 기법으로 메이크업을 연출하면 잘 어울린다.

봄 유형의 신체 특징		대표 톤(Tone)	대표 색상
피부톤	Yellow Base	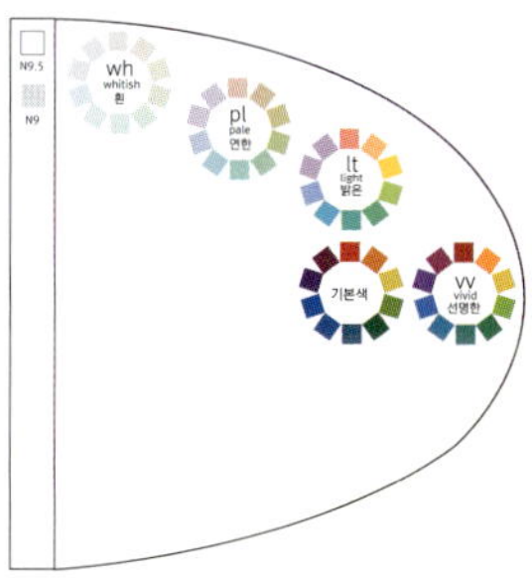 vv, ◎, lt, pl, wh	옐로우, 옐로우그린, 오렌지
눈동자색 & 모발색	밝은 갈색		

(2) 여름 유형

여름 유형의 사람은 밝은 핑크빛이 감도는 피부톤, 회갈색의 눈동자색과 모발색이 특징이다. 부드럽고 여성스러운 이미지를 가진다.

화이티시 톤, 페일 톤, 소프트 톤, 라이트 그레이시 톤 등 고명도·저채도의 색상이 가장 잘 어울린다. 대표적인 색상은 화이트, 연핑크, 연회색 계열의 색이다.

톤온톤, 톤인톤, 그라데이션 배색 등의 배색 기법으로 메이크업을 연출하면 잘 어울린다.

여름 유형의 신체 특징		대표 톤(Tone)	대표 색상
피부톤	Blue Base	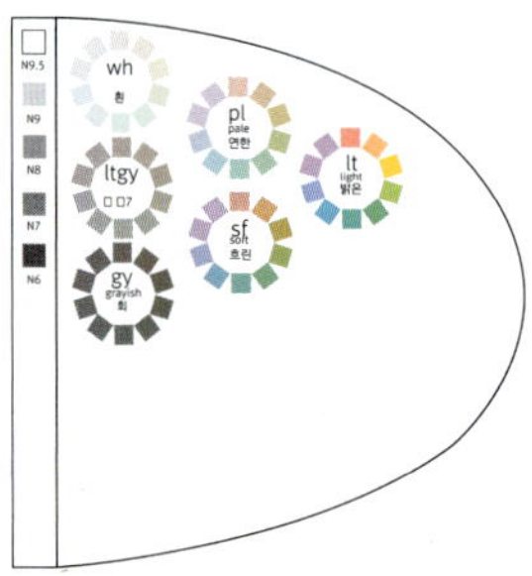 wh, ltgy, gy, pl, sf, lt	화이트, 연회색, 핑크
눈동자색 & 모발색	회갈색		

(3) 가을 유형

가을 유형의 사람은 황갈색빛이 감도는 피부톤, 짙은 갈색의 눈동자색과 모발색이 특징이다. 성숙하고 여성스러우며 화려한 이미지를 가진다.

덜 톤, 딥 톤, 다크 톤 등 저명도·저채도의 색상이 가장 잘 어울린다. 대표적인 색상은 브라운, 골드, 카키 등의 옐로우 베이스의 컬러이다.

톤온톤, 톤인톤, 그라데이션, 토널 배색 등의 배색 기법으로 메이크업을 연출하면 잘 어울린다.

가을 유형의 신체 특징		대표 톤(Tone)	대표 색상
피부톤	Yellow Base	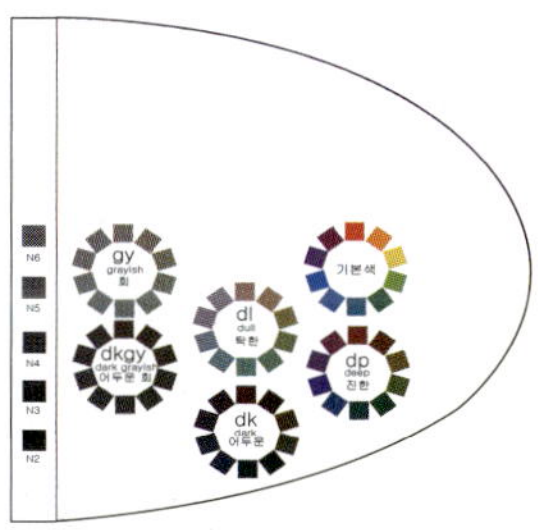 gy, dkgy, dl, dk, ◎, dp	브라운, 카키, 골드
눈동자색 & 모발색	짙은 황갈색		

(4) 겨울 유형

겨울 유형의 사람은 밝은 핑크빛 또는 어두운 핑크빛이 감도는 피부톤, 블랙에 가까운 어두운 눈동자색과 모발색이 특징이다. 모던하고 이지적인 이미지를 가진다.

화이트, 그레이, 블랙 등의 뉴트럴 톤(무채색)과 화이티시 톤, 블랙키시 톤 등의 저채도의 색이 잘 어울린다.

고채도의 강조색으로 악센트 배색을 사용하거나 세퍼레이션, 콘트라스트, 비콜로, 트리콜로 등의 배색 기법으로 메이크업을 연출하면 잘 어울린다.

겨울 유형의 신체 특징		대표 톤(Tone)	대표 색상
피부톤	 Blue Base	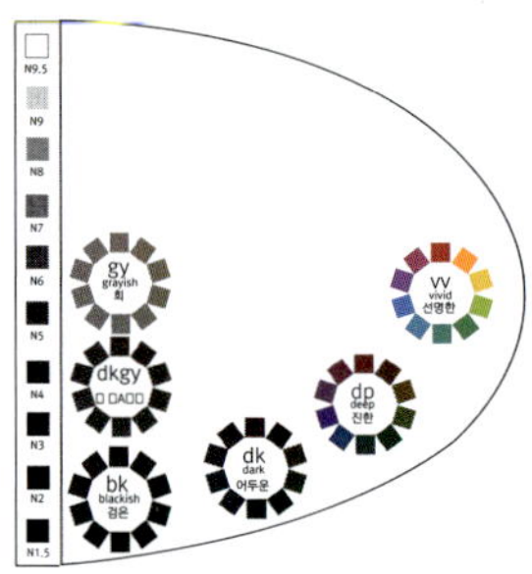 wh, ltgy, gy, pl, sf, lt	 화이트, 연회색, 핑크
눈동자색 & 모발색	 흑갈색, 검정색		

3 퍼스널 컬러의 진단

1) 퍼스널 컬러의 진단 방법

신체색에 어울리는 컬러를 제안하기 위하여 다양한 방법으로 퍼스널 컬러를 진단한다. 가장 대중적인 진단 방법은 퍼스널 컬러 진단천을 활용한 진단이다.

진단 드레이핑 천이 없는 경우, 피부톤, 눈동자색, 모발색의 특성을 직접 눈으로 보고 분석하는 육안측색(Visual Testing)을 할 수 있고, 최근에는 측색기(Colorimeter)를 이용하여 신체색을 진단하기도 한다.

[진단천을 이용한 진단]

[육안 측색]

[측색기를 이용한 진단]

2) 퍼스널 컬러의 진단 준비

퍼스널 컬러 진단천을 사용하여 진단할 시에는 메이크업을 모두 지운 얼굴로 준비하는 것이 가장 좋다. 다만, 아이섀도나 립 컬러 등의 포인트 메이크업의 색을 제안하기 위한 목적으로 진단 시에는 평소 사용하는 베이스 메이크업을 완성 후 진단하기도 한다.

진단 환경은 맑은 날 오전 10시에서 오후 3시 사이 자연광과 백색 조명 아래에서 거울을 보며 진단하도록 권고하고 있으나. 인공적인 환경을 만들 때는 햇빛과 유사한 6500K의 주광색 조명을 이용할 수 있으며, 진단받는 고객이 색을 함께 체크할 수 있도록 거울을 준비한다.

화려한 색의 의상은 어깨보로 가리고, 액세서리, 렌즈, 안경 등 아이템은 착용하지 않도록 한다. 다만 평소 사용하는 콘택트렌즈, 헤어 컬러 등에 어울리는 메이크업 컬러를 제안하고자 한다면 그대로 착용 후 진단한다.

3) 퍼스널 컬러의 진단

퍼스널 컬러 진단천을 활용한 진단 시, 육안측색으로 간단히 신체색을 점검한 후 진단을 시작한다. 진단천의 색에 따른 고객의 피부톤, 모발색, 눈동자색의 변화를 체크하고, 웜톤과 쿨톤을 먼저 분류한다. 그리고 4계절 유형의 진단천으로 잘 어울리는 컬러와 잘 어울리지 않는 컬러를 파악한다.

일반적으로 잘 어울리는 컬러는 피부톤을 밝고 건강하게 보이게 한다. 잘 어울리지 않는 컬러는 피부톤이 탁해지거나 지나치게 밝아지고, 피부 결점과 눈그늘, 주름 등이 두드러지게 된다.

[퍼스널 컬러의 진단]

4 퍼스널 컬러 활용

퍼스널 컬러 진단천을 활용하여 웜&쿨 또는 4계절 유형으로 분류한 후, 각 유형에 따라 잘 어울리는 색과 이미지를 제안한다. 유형에 따라 어울리는 메이크업 이미지를 연출할 수 있다.

1) 봄 유형

퍼스널 컬러 봄 유형의 사람은 옐로우 베이스의 밝은 피부톤과 밝은 갈색의 눈동자색과 모발색을 가진 사람으로 귀엽고 사랑스러운 이미지가 잘 어울린다.

추천되는 메이크업 이미지는 로맨틱(Romantic), 액티브(Active) 이미지가 있으며, 비비드 톤, 라이트 톤, 페일 톤 등의 옐로우 베이스의 컬러를 제안하도록 한다.

액티브 이미지	아이 메이크업 컬러	치크&립 메이크업 컬러
 봄1		치크 컬러  립 컬러 

로맨틱 이미지	아이 메이크업 컬러	치크&립 메이크업 컬러
 봄2		치크 컬러  립 컬러 

2) 여름 유형

퍼스널 컬러 여름 유형의 사람은 블루 베이스의 밝은 피부톤, 회갈색의 눈동자색과 모발색을 가진 사람으로 여성스럽고 성숙한 이미지의 사람이 가장 많다.

모던 시크(Modern Chic), 엘레강스(Elegant) 이미지가 잘 어울리며, 화이티시 톤, 페일 톤, 라이트 그레이시 톤 등의 화이트와 블루가 가미된 블루 베이스의 컬러를 제안하도록 한다.

모던 시크 이미지	아이 메이크업 컬러	치크&립 메이크업 컬러
 여름1		치크 컬러 립 컬러

엘레강스 이미지	아이 메이크업 컬러	치크&립 메이크업 컬러
 여름2		치크 컬러 립 컬러

3) 가을 유형

퍼스널 컬러 가을 유형의 사람은 옐로우 베이스의 황갈색 피부톤과 짙은 황갈색의 눈동자색과 모발색을 가진 사람으로 건강하고 세련되거나 관능적인 이미지의 사람이 많다.

클래식(Classic), 에스닉(Ethnic) 등의 이미지가 잘 어울리며, 딥 톤, 다크 톤, 덜 톤 등의 저명도, 저채도의 옐로우 베이스의 컬러와 골드 계열의 메탈 컬러도 잘 어울린다.

클래식 이미지	아이 메이크업 컬러	치크&립 메이크업 컬러
 가을1		치크 컬러 립 컬러

에스닉 이미지	아이 메이크업 컬러	치크&립 메이크업 컬러
 가을2		치크 컬러 립 컬러

4) 겨울 유형

퍼스널 컬러 겨울 유형의 사람은 블루 베이스의 밝은 피부톤 또는 어두운 피부톤, 검정에 가까운 어두운 눈동자색과 모발색을 가진 사람이다. 도시적이고 세련된 이미지의 사람이 가장 많다.

모던(Modern), 소피스트케이트(Sophisticated) 등 무채색을 자주 활용하는 메이크업 이미지가 잘 어울리며, 화이트, 그레이, 블랙의 뉴트럴 톤과 비비드 톤, 딥 톤의 액센트 배색이 추천된다.

모던 이미지	아이 메이크업 컬러	치크&립 메이크업 컬러
 겨울1		치크 컬러 립 컬러

소피스트케이트 이미지	아이 메이크업 컬러	치크&립 메이크업 컬러
 겨울2		치크 컬러 립 컬러

K BEAUTY

MAKEUP

PROFESSIONAL

PART 03

메이크업 발상과 표현기법

K BEAUTY

MAKEUP

PROFESSIONAL

화장품 산업과 매스미디어(Mass Media)의 발달과 함께 메이크업의 영역과 범위가 확대되고 메이크업 주제에 따라 여러 가지 표현방법, 다채로운 컬러와 재료선택으로 메이크업의 시각적 요소, 예술적 요소가 부각되면서 메이크업 아티스트의 역할도 다양한 영역에서 전문성을 갖추게 되었다.

특히 패션 메이크업은 메이크업의 패션성, 유행의 의미를 부여한 것으로 패션과 밀접한 관계를 가지며 메이크업 트렌드(Trend)를 제시하고 주제에 맞게 메이크업 이미지를 표현한다.

패션 메이크업은 메이크업 아티스트로서의 창의적인 발상과 전문지식 그리고 다양한 콘셉트(Concept)를 여러 표현기법을 통해 메이크업으로 이미지를 표현하거나 메시지를 전달할 수 있어야 한다.

메이크업 발상은 크게 세 가지 방식으로 나눌 수 있다.

첫째, '조형성에 의한 메이크업 발상'은 형태와 디자인 요소를 중심으로 창의적인 아이디어를 구상하는 방식이다.

둘째, '패션 이미지에 의한 메이크업 발상'은 패션 스타일과 조화를 이루며 트렌드를 반영하는 방식이다.

셋째, '역사성에 의한 메이크업 발상'은 시대적 배경과 과거의 미적 요소를 현대적으로 재해석하여 새로운 스타일을 창조하는 방식이다.

01 CHAPTER

조형성에 의한 메이크업 발상

메이크업은 조형 요소를 중심으로 예술적이고 창의적인 표현이 가능한 분야이다. 점, 선, 면의 형태에 질감, 색, 오브제(Object)를 더해 구성된 요소들은 메이크업을 정교하게 조직화하며 다양한 디자인적 접근을 가능하게 한다.

메이크업 아티스트는 이러한 조형 요소를 자유롭게 응용해 미디어, 패션, 공연, 광고 등 다양한 분야에서 개성 있는 작품을 창출해야 한다. 또한 각 요소를 유기적으로 결합해 트렌드(Trend)와 콘셉트(Concept)를 담은 독창적인 이미지를 완성한다.

1 형태(Shape)

메이크업에서 형태는 점, 선, 면을 포함하며, 이를 어떻게 활용하느냐에 따라 전체적인 인상과 분위기를 크게 변화시킬 수 있다.

1) 점(Dot)

점은 형태를 만드는 가장 단순한 기본 단위이며, 메이크업에서는 점의 색상, 크기, 위치, 밀도 등에 따라 다양한 표현이 가능하다. 작은 점 하나로도 분위기를 변화시킬 수 있으며 여러 개의 점을 조합하면 더욱 독창적인 스타일을 연출할 수 있다.

(1) 점의 개성과 강조 효과

점의 크기나 색상을 조절하면 얼굴의 특정 부분을 강조하는 효과를 낼 수 있다.

예를 들어, 작은 검은색 점을 눈 밑에 찍으면 고전적인 '뷰티 스폿(Beauty Spot)' 효과를 줄 수 있으며, 색상을 활용하면 개성 있는 포인트 메이크업을 완성할 수 있다.

다양한 크기의 점을 배치하면 아트적인 느낌을 줄 수 있으며 반짝이는 펄(Pearl)이나 스톤(Stone)을 함께 사용하면 화려한 분위기를 연출할 수도 있다.

애교점이나 포인트 점을 만들 때는 리퀴드 아이라이너(Liquid Eyeliner), 젤 아이라이너(Gel Eyeliner), 블랙 펜슬(Black Pencil) 등을 사용하면 자연스럽게 표현할 수 있다.

보다 화려한 스타일을 원한다면 아쿠아 컬러(Aqua color)나 라이닝 컬러(Lining color) 같은 페이스 페인팅 제품을 활용하는 것도 좋은 방법이다.

(2) 점의 패턴과 공간감

점은 단독으로도 강한 인상을 주지만 여러 개를 조합하여 패턴을 만들면 더욱 흥미로운 효과를 낼 수 있다.

일정한 간격으로 점을 배치하면 정돈된 느낌을 주고 불규칙적으로 배치하면 자유롭고 개성 있는 분위기를 연출할 수 있다.

기하학적인 패턴을 활용하면 옵아트(Op Art)적인 효과를 더해 메이크업의 예술성을 강조할 수도 있다.

일정한 크기의 점을 만들고 싶다면 면봉이나 붓대의 둥근 면을 활용하는 것이 효과적이다. 자연스러운 점을 찍을 때는 브러시 끝을 활용하면 좋다.

(3) 정교한 점을 표현하는 방법

메이크업에서 점을 활용할 때보다 균일하고 정교한 표현이 중요하다면 스텐실(Stencils)이나 스티커를 활용하면 보다 깔끔하고 세련된 스타일을 연출할 수 있다. 네일 스티커(Nail Sticker)나 라벨 스티커(Label Sticker) 같은 작은 장식을 활용하면 정밀한 패턴을 쉽게 만들 수 있으며 원하는 위치에 붙이기만 하면 되므로 간편하다.

스텐실을 사용할 경우, 브러시나 스펀지를 이용해 톡톡 두드리듯이 색을 채우면 번짐 없이 깨끗한 점을 표현할 수 있다. 또한 메이크업 픽서(Makeup Fixer)를 뿌려주면 지속력을 높일 수 있다.

점은 단순하지만 무궁무진한 가능성을 지닌 요소다. 크기, 색상, 배치를 조절하면 다양한 개성과 분위기를 연출할 수 있으므로 메이크업에 창의적으로 활용해보는 것도 좋은 방법이다.

[점]

2) 선(Line)

선은 점 다음으로 단순한 디자인 요소이며, 메이크업에서는 눈썹, 아이라인(Eye Line), 립 라인(Lip Line) 등에서 활용된다.

선의 길이, 굵기, 강약에 따라 다양한 느낌을 표현할 수 있으며, 직선, 사선, 곡선 등의 형태로 변화를 줄 수 있다.

(1) 선의 감정적 효과

선의 형태는 메이크업의 분위기뿐만 아니라 감정적인 효과에도 영향을 미친다.

부드러운 곡선은 우아하고 자연스러운 인상을 주며, 직선은 정돈되고 강한 느낌을 강조한다.

반면, 사선은 역동적인 분위기를 연출하는 데 효과적이다. 이러한 감정적 효과를 활용하면 원하는 분위기를 보다 섬세하게 메이크업으로 표현할 수 있다.

(2) 눈썹과 아이 메이크업에서의 선 활용

눈썹과 아이 메이크업에서는 선의 형태와 강약 조절을 통해 다양한 분위기를 연출할 수 있다.

곡선의 아이브로우(Eye Brow)는 부드럽고 자연스러운 인상을 주며, 직선 형태의 눈썹은 세련되고 모던한 분위기를 만든다.

아이라인(Eye Line)의 경우, 자연스러운 라인을 연출하면 우아한 분위기를 강조할 수 있고, 두껍고 선명한 라인은 강렬한 인상을 준다.

선의 색상(Color) 또한 전체적인 인상을 결정짓는 중요한 요소이다. 부드러운 느낌을 원한다면 브라운(Brown)이나 따뜻한 뉴트럴 톤(Neutral Tone)을 활용하면 자연스럽고 온화한 인상을 줄 수 있다.

블랙(Black)이나 메탈릭 컬러(Metallic Color) 등 다양한 질감이나 톤(Tone)과 컬러(Color)로 강렬한 느낌을 줄 수 있다.

(3) 선의 개수와 형태

여러 개의 선을 겹쳐 표현하면 강한 이미지가 되고, 선을 최소화하면 부드러운 느낌을 줄 수 있다.

굵기와 방향을 조절하여 대칭적 메이크업과 비대칭적인 전위적인 느낌의 아방가르드(Avant-Garde) 메이크업을 연출할 수도 있다.

(4) 창의적인 선 표현 기법

기존의 메이크업 공식에서 벗어나, 립스틱(Lipstick)을 바르지 않고 립 라인(Lip Line)만 그리거나, 얼굴 중앙에 선을 그리는 기법 등이 가능하다.

블러셔(Blusher)를 선의 형태로 표현하거나, 특정 패턴을 적용하여 개성적인 메이크업 룩(Look)을 연출할 수도 있다.

선은 메이크업에서 단순하지만 강력한 표현 도구다. 선의 형태, 색상, 개수, 강약을 조절하여 다양한 분위기를 연출할 수 있다.

[선]

3) 면

면은 메이크업에서 입체감을 형성하는 중요한 요소로 활용된다. 특히 아이 메이크업, 블러셔(Blusher), 셰이딩(Shading) 등 음영 표현에서 필수적이며, 각 부위에 면을 적절히 배치하여 자연스럽고 부드러운 입체감을 강조한다.

(1) 입체감 표현을 위한 면의 활용

면을 중심으로 한 메이크업은 입체감을 강조하며, 선 위주의 메이크업보다 부드럽고 자연스러운 인상을 준다. 예를 들어, 아이 메이크업에서는 눈두덩이나 눈 밑에 음영을 주어 눈을 더욱 또렷하게 만들고, 블러셔와 셰이딩을 통해 얼굴의 윤곽을 부드럽게 강조할 수 있다.

(2) 면의 형태와 색상, 위치, 면적

면의 다양한 요소는 메이크업 이미지에 큰 영향을 미친다. 예를 들어, 블러셔는 그 형태와 색상,

위치, 면적에 따라 얼굴의 이미지가 크게 달라진다.

요즘 유행하는 눈밑 블러셔는 눈을 강조하고 귀여운 느낌을 줄 수 있다. 양 볼을 이어주는 방식으로 블러셔를 발라 귀여운 느낌을 주거나, 광대뼈에 블러셔를 발라 성숙하고 세련된 이미지를 강조하는 것도 효과적이다.

이처럼 블러셔의 범위와 위치에 따라 메이크업의 분위기와 느낌이 달라지며, 관자놀이까지 블러셔를 이어 적용하면 더욱 입체적인 얼굴을 완성할 수 있다.

(3) 기하학적 형태와 그래픽 메이크업

사각형, 원형, 삼각형 등 기하학적 도형을 활용한 그래픽 메이크업(Graphic Makeup)은 패션 메이크업이나 뷰티 아트(Beauty Art) 메이크업에서 창의적이고 독창적인 표현을 가능하게 한다.

그래픽 메이크업은 색상, 형태, 선 등을 활용하여 얼굴에 시각적으로 강렬하고 독특한 이미지를 만들어내는 기법이다.

예를 들어, 특정 부위에 사각형이나 원형을 그리거나 대담한 선을 활용해 얼굴을 장식하는 방식이다. 이러한 그래픽적 접근은 단순한 메이크업을 넘어 예술적인 효과를 만들어내며, 주로 패션쇼나 화보 메이크업에서 창의적인 표현을 가능하게 한다.

[면]

2 질감(Texture)

메이크업에서 질감은 피부의 질감을 포함하여 전체적인 표현을 결정하는 중요한 요소이다. 특히 피부의 질감은 메이크업의 시작점이자 기본 방향을 정하는 데 중요한 역할을 한다.

피부 화장에서 질감 표현은 피부의 상태와 여건을 고려해 달라지며, 파운데이션(Foundation)의 제형이나 파우더(Powder)의 양에 따라 달라진다.

피부 질감과 메이크업 질감은 조화를 이루어 서로 효과적으로 작용하며, 때로는 포인트 메이크업에서 질감을 대조적으로 사용해 강조하거나, 두 가지 질감을 조합해 더욱 돋보이게 만들기도 한다.

메이크업에서 사용되는 주요 질감은 매트(Mat), 글로시(Glossy), 글로우(Glow), 펄(Pearl), 글리터(Glitter) 등으로 나뉜다.

1) 매트(Mat)

매트(Mat)는 수분과 유분기를 제거해 광택 없는 질감을 표현하는 기법으로, 소프트 매트(Soft Mat)와 하드 매트(Hard Mat)로 구분된다.

(1) 소프트 매트(Soft Mat)

지언스럽고 내추럴한 느낌을 주어 메이크업에서 가장 많이 사용되는 피부 질감 표현이다.

(2) 하드 매트(Hard Mat)

창백하고 건조한 느낌을 강조하여 주로 화보나 패션쇼와 같은 아트적인 메이크업에 적합하다.

[매트]

매트 질감의 표현 방법

매트한 질감을 표현하려면 유수분이 적은 메이크업 베이스와 매트한 리퀴드 파운데이션(Liquid Foundation)을 사용해 피부 톤을 균일하게 정리한 후, 파우더 사용량에 따라 매트 질감의 느낌을 조절할 수 있다.

① **소프트 매트:** 파우더를 소량만 사용하며, T존과 U존에 노 세범(No-Sebum) 파우더나 하이라이터 파우더를 발라 자연스러운 광택을 남긴다.
피부 타입별로 건성 피부는 파우더 사용량을 최소화하거나 생략하고, 지성 피부는 유분기를 잡아주는 프라이머(Primer)를 사용해 메이크업의 지속력과 매트한 질감을 유지한다.

② **하드 매트:** 파우더를 충분히 사용해 피부의 광택을 최대한 억제해 건조하고 매트한 질감을 강조한다.

2) 글로시(Glossy)

글로시 메이크업은 피부에 윤기와 촉촉함을 더해 생기 있는 이미지를 연출하는 기법이다. 주로 수분감이 많은 기초 제품이나 페이스 오일(Face Oil), 광택 미스트(Glossy Mist)를 사용해 피부에 자연스러운 광택을 부여한다.

[글로시]

글로시 질감의 표현 방법

① **베이스 메이크업(Base Makeup)**

- 수분감이 풍부한 기초 제품, 페이스 오일(Face Oil), 광택 미스트(Glossy Mist)를 사용해 피부에 윤기를 더한다.
- 파운데이션은 얇게 발라 자연스럽게 표현하며, 광대, 이마, 코 등 하이라이트 부위에는 피부 톤보다 밝은 리퀴드 파운데이션(Liquid Foundation)이나 컨실러(Concealer)를 사용해 입체감을 만든다.

② **색조 메이크업**

- **셰이딩 & 블러셔(Shading&Blusher):** 크림 타입과 리퀴드 타입 블러셔(Liquid Blusher)를 함께 사용해 부드럽고 자연스러운 그라데이션(Gradation)을 연출한다.
- **립 메이크업(Lip Makeup):** 립 글로스(Lip Gloss), 립 오일(Lip Oil), 또는 바세린(Vaseline)을 사용해 입술에 촉촉한 광택을 더한다.
- **아이브로우(Eye Brow):** 아이브로우 왁스(Wax)나 투명 마스카라를 사용해 눈썹 결을 살리며 글로시한 무드를 강조한다.

글로시 메이크업은 파우더를 생략하는 경우가 많아 시간이 지남에 따라 광택 유지가 어렵기 때문에, 미스트(Mist)나 메이크업 픽서(Makeup Fixer)를 사용해 수분감과 광택을 오래 지속시킨다.

3) 글로우(Glow)

글로우는 자연스럽고 건강한 빛을 강조해 생기 있는 피부를 연출하는 메이크업 기법이다. 과도한 광택 없이 부드럽고 내추럴한 윤기를 주는 것이 특징으로 글로시 메이크업과는 달리 피부 본연의 자연스러운 광택을 강조한다.

글로우 메이크업은 피부에 건강하고 자연스러운 생기를 부여하며, 매트한 질감보다 부드럽고 빛나는 인상을 준다.

[글로우]

글로우 질감의 표현 방법

① **베이스 메이크업(Base Makeup)**

- 수분감 있는 프라이머(Primer)와 리퀴드 파운데이션(Liquid Foundation)으로 피부에 자연스러운 광택을 부여한다.
- 하이라이터(Highlighter)나 글로우 세럼(Glow Serum)을 사용해 광대, 이마, 코 등 부위에 입체감을 더한다.
- 파우더 사용을 최소화해 피부 본연의 질감을 살리며 촉촉한 느낌을 강조한다.

② **색조 메이크업**

- **아이 메이크업(Eye Makeup):** 광택감 있는 펄 또는 크림 타입 아이섀도(Eye Shadow)를 사용해 눈가에 은은한 빛을 더한다.
- **립 메이크업 (Lip Makeup):** 글로시한 립글로스(Lip Gloss)나 글로우 립밤(Glow Lip Balm)을 사용해 자연스러운 광택과 촉촉함을 강조한다.

4) 펄 & 글리터(Pearl & Glitter)

펄과 글리터는 메이크업에 반짝이는 광택을 부여하여 입체감과 화려한 분위기를 연출하는 중요한 요소이다.

펄(Pearl)은 미세한 광택감을 주어 자연스럽고 고급스러운 느낌을 연출할 수 있으며 글리터(Glitter)는 더욱 화려하고 강렬한 반짝임을 강조할 때 사용한다.

입자가 큰 펄이나 글리터는 립글로스(Lip Gloss), 바세린(Vaseline)을 사용하여 고정할 수 있다. 넓은 부위에 사용할 경우 미스트를 활용하면 밀착력이 높아진다.

펄과 글리터 메이크업은 조명에 따라 반짝임이 달라지므로 촬영 전에 조명 테스트를 진행하는 것이 중요하다.

[펄 & 글리터]

펄 & 글리터 질감의 표현 방법

① **아이 메이크업(Eye Makeup)**

- 아이섀도에 미세한 펄을 사용하면 자연스럽고 세련된 메이크업을 완성할 수 있다. 눈 밑에 글리터를 포인트로 추가하면 화려하면서도 영롱한 느낌을 연출할 수 있다.

② **립 메이크업(Lip Makeup)**

- 립스틱 위에 펄 감이 있는 글로스를 덧바르면 입체적인 립 메이크업이 완성된다. 좀 더 강렬한 연출을 원할 경우, 립 전체에 글리터를 얹어 독특한 느낌을 줄 수 있다.

③ **글리터 아트 메이크업(Glitter Art Makeup)**

- 눈썹을 글리터로 디자인하거나, 조형적인 요소(점, 선, 면)를 활용하여 개성 있는 연출이 가능하다. 스팽글(Spangle), 비즈(Beads) 등을 함께 사용하면 극대화된 반짝임을 표현할 수 있다.

3 색상(Color)

메이크업에서 색상은 감정과 이미지를 표현하는 중요한 요소이다. 색상의 선택과 배색은 메이크업으로 전달되는 이미지에 큰 영향을 미친다.

색상에 따라 메이크업의 분위기와 메시지가 달라지며, 조화로운 배색을 통해 원하는 스타일과 감정을 효과적으로 표현할 수 있다.

색상의 대비나 조화를 활용하면 특정 부분을 강조하거나 전체적인 이미지에 깊이를 더할 수 있다.

메이크업에서 기본적인 색상 배색 방식에는 동일색상(identity), 유사색상(similarity), 대조색상(contrast), 악센트(accent) 등이 있다.

1) 동일색상(Identity)

동일색상 배색은 하나의 색상 또는 동일 계열의 색상을 사용하여 다양한 톤을 변화시켜 조화를 이루는 배색 방식이다.

가장 기본적이고 안정적인 배색 방법으로 메이크업에서 자주 활용된다. 동일 색상을 사용하면 색상의 이미지가 명확하게 전달되며 전체적으로 일체감 있는 느낌을 준다.

명도와 채도의 변화를 통해 세련된 분위기를 연출할 수 있으며 아이 메이크업과 립 메이크업의 색상을 동일한 계열로 맞추면 조화롭고 균형 잡힌 느낌을 줄 수 있으며, 의상이나 소품, 헤어 컬러와의 통일성은 전체적인 이미지 완성도를 높여준다.

[동일색상]

2) 유사색상(Similarity)

[유사색상]

유사색상 배색은 색상환에서 인접한 색들을 조합하여 자연스럽고 부드러운 조화를 이루는 배색 방식이다.

색상과 톤(Tone)의 미세한 변화를 통해 입체감을 강조하면서도 과하지 않게 분위기를 바꿀 수 있고 색상 간의 전환이 부드럽고 자연스러워 메이크업에 다채로움을 더하면서도 안정감 있게 표현할 수 있다.

3) 대조색상(Contrast)

대조색상 배색은 색상환에서 반대편 또는 대각선에 위치한 색들을 조합하여 색감이 선명하게 드러나면서 강렬하고 화려한 인상을 주는 배색 방식이다.

대조 색상을 사용하더라도 톤을 동일하게 맞추거나 유사한 톤으로 조합하면 전체적인 조화로움을 유지할 수 있다.

대조색상 배색을 사용한 메이크업의 가장 큰 장점은 강렬한 시각적 효과와 강한 인상을 준다는 점으로 조화로운 컬러 사용은 메이크업을 돋보이게 만든다.

또한 대조적인 색상을 통해 생동감 있고 역동적인 느낌을 연출하여 감정과 메시지를 메이크업으로 효과적으로 전달할 수 있다.

[대조색상]

4) 악센트(Accent)

악센트는 단조로운 색 조합에 대비되는 색을 더해 특정 부위를 강조하는 배색 방식이다.

메이크업에서 중요한 요소를 시각적으로 부각하고 주목도를 높이는 역할을 하며 색상의 대비를 활용해 시선을 집중시키고 메이크업에 활기를 불어넣는 것이 특징이다. 아이 메이크업이나 립 메이크업에 악센트 컬러를 적용하면 특정 부위를 강조할 수 있으며, 단조로운 색상 조합에 강렬한 색을 추가하면 더욱 뚜렷한 포인트를 만들 수 있어 패션 메이크업에서는 개성 있는 스타일을 연출하는 데 효과적이다.

악센트 배색은 전체적인 균형을 유지하면서도 포인트를 명확하게 전달할 수 있어 메이크업에 변화를 주고 스타일을 완성하는 데 중요한 역할을 한다.

[악센트]

4 오브제(Objet)

오브제를 활용한 메이크업은 전통적인 방식에서 벗어나 다양한 소재를 피부에 부착하거나 장식하여 독창적인 효과를 연출하는 기법이다.

기존 메이크업만으로는 표현하기 어려운 질감, 패턴, 입체감을 강조할 수 있으며 메이크업의 한계를 뛰어넘어 예술적인 가치까지 확장할 수 있다.

메이크업에 사용하는 재료에는 셀로판지(Cellophane), 금박, 레이스(Lace), 진주, 라인스톤(Rhinestone), 깃털, 꽃 등 다양한 오브제가 활용되며 패션쇼, 콘셉추얼(Conceptual) 화보, 아트 메이크업, 무대 메이크업 등 실험적인 스타일이 요구되는 분야에서 자주 사용된다.

오브제를 활용한 메이크업은 단순한 미적 표현을 넘어 아티스트의 창의성과 상상력을 극대화하는 수단이 되어 개성 넘치는 작품을 완성할 수 있다. 또한 시각적 임팩트(Impact)가 강해 예술성과 메시지를 전달하는 데 효과적이다.

오브제를 피부에 적용할 때는 메이크업과의 조화, 지속력, 피부 자극 여부를 고려해야 하며 적절한 접착제를 사용해 고정하는 것이 중요하다.

[오브제]

5 아이섀도 패턴(Eye Shadow Pattern)별 메이크업

아이섀도 패턴은 색상, 질감, 표현 기법에 따라 메이크업의 분위기를 결정하는 중요한 요소 중 하나이다.

메이크업 콘셉트에 따라 다양한 스타일로 연출할 수 있기 때문에 기본적인 패턴을 이해하고 이를 토대로 체계적으로 디자인하는 것이 중요하다.

메이크업에 주로 사용되는 기본 아이섀도 패턴으로 그라데이션(gradation), 아이 홀(eye hole), 아이 홀 라인 강조(Eye Hole Line Emphasis) 패턴으로 분류할 수 있다. 각 패턴의 특성과 활용법을 잘 이해하면, 원하는 분위기에 맞춰 보다 완성도 높은 아이 메이크업을 연출할 수 있다.

1) 그라데이션(Gradation)

색상이나 명암을 단계적으로 변화시키며 자연스럽게 눈매를 강조하는 방식이다.

일반적으로 하이라이트 컬러, 중간 컬러, 포인트 컬러를 조합하여 부드럽게 연결하는 기법으로, 자연스럽고 세련된 분위기를 연출할 수 있다.

단색이나 유사색상을 활용하면 더욱 부드러운 느낌을 줄 수 있으며 뷰티 메이크업, 광고, 패션 화보, 패션쇼 등 다양한 분야에서 가장 많이 활용되는 기법 중 하나이다.

[그라데이션]

2) 아이 홀(Eye Hole)

눈매에 입체감을 부여하는 패턴으로, 아이 홀의 중앙을 강조하거나 양쪽에 음영을 넣어 깊이 감을 표현하는 방식이다.

눈 중앙에 하이라이트 컬러를 배치하고 양쪽에 음영을 주어 눈이 더욱 입체적으로 보이게 하거나 눈 앞머리나 꼬리에만 포인트를 주어 눈매를 강조하는 방식으로 다양한 컬러를 조합해 개성 있는 연출이 가능하다.

자연스러운 음영과 입체감을 강조하는 메이크업에 적합하고 강렬한 눈매를 연출하는 데도 효과적이다. 뷰티 메이크업부터 매거진, 패션쇼 메이크업까지 폭넓게 활용된다.

[아이 홀]

3) 아이 홀 라인 강조(Eye Hole Line Emphasis)

아이 홀 라인 위에 음영을 주거나 선을 강조하여 깊이 감을 극대화하는 패턴으로 눈매를 강렬하고 드라마틱한 느낌으로 강조할 수 있다.

딥(Dccp)한 컬러를 눈매를 더욱 깊이 감 있게 강조할 수 있고 메탈릭 컬러(Metallic Color), 글리터(Glitter) 등의 질감을 더하면 화려한 무드의 메이크업이 가능하다.

주로 패션쇼, 패션 화보, 매거진 화보 등 개성 있는 연출이 필요한 곳에서 자주 사용된다.

아이 홀 패턴(Eye Hole)과 함께 활용하면 보다 풍부한 컬러감과 입체감을 표현할 수 있다.

[아이 홀 라인 강조]

CHAPTER 02 패션 이미지에 의한 메이크업 발상

패션 이미지(Fashion Image)는 의상의 실루엣(Silhouette), 색상, 소재, 패턴(Pattern) 등 디자인 요소가 조화를 이루어 형성되는 시각적 이미지로 특정한 분위기나 스타일을 전달하는 데 중요한 역할을 한다. 단순히 개별적인 의상의 조합이 아니라, 브랜드 아이덴티티(Brand Identity), 시대적 흐름, 문화적 배경 등을 반영하며, 이를 통해 패션의 메시지를 효과적으로 표현할 수 있다.

이러한 패션 이미지를 완성하는 데에는 메이크업, 헤어스타일(Hair Style), 구두, 액세서리(Accessory) 등 다양한 요소가 함께 어우러져야 한다.

일반적인 뷰티 메이크업은 패션 이미지와 조화를 이루도록 연출되는 경우가 많지만 패션쇼나 화보에서는 보다 실험적이고 창의적인 접근이 필요하다.

전통적인 메이크업 스타일을 탈피하여 독창적인 표현법을 활용하거나, 다양한 스타일을 융합하는 방식, 또는 새로운 시각으로 재해석하는 등 다양한 아이디어가 적용된다.

이러한 과정은 단순한 스타일링을 넘어 패션 콘셉트(Fashion Concept)의 핵심을 강조하고, 새로운 트렌드(Trend)를 창조하는 중요한 역할을 한다.

1 내추럴 이미지(Natural Image)

내추럴 이미지는 자연이 주는 소박함, 따뜻함, 평온한 감성을 담아낸 스타일로, 부드럽고 친근하며 편안한 분위기가 특징이다. 패션에서는 인체를 구속하지 않는 자연스러운 실루엣과 활동성을 강조한 디자인이 중심이 되며, 면(Cotton), 마(Linen), 울(Wool) 같은 천연 소재나 니트((Knit), 데님(Denim), 천연 염료로 염색된 원단 등이 자주 활용된다.

내추럴 메이크업은 인위적인 느낌을 최소화하고 본연의 피부결과 색감을 살리는 것이 핵심이다.

[내추럴]

메이크업 표현 기법

① **베이스 메이크업:** 파운데이션은 가볍게 사용하여 피부 톤을 자연스럽게 정리하고 주근깨나 혈색을 그대로 살려 투명한 피부 표현을 강조한다.

② **아이 메이크업:** 눈썹은 본연의 색을 살려 표현하거나 헤어 컬러와 유사한 색을 선택하여 자연스러운 인상을 연출한다. 아이섀도는 피부 톤과 조화되는 뉴트럴 컬러(Neutral Color)를 사용하며, 또렷한 음영보다는 부드러운 그라데이션 기법이 효과적이다.

③ **립 & 치크:** 누드 컬러(nude color), 베이지, 브라운 계열을 활용하면 내추럴한 느낌을 강조할 수 있으며, 중채도의 오렌지나 코럴(coral) 컬러를 사용하면 자연스러운 혈색을 연출할 수 있다. 과한 연출 없이 본연의 입술 색과 유사한 컬러를 사용해 자연스럽게 표현한다.

④ **질감 표현:** 피부의 자연스러운 광택을 살리면서도, 매체의 성격에 맞게 조절한다. 뷰티 광고에서는 글로우나 소프트 매트 질감을 활용하여 정제된 느낌을 강조하고, 패션 화보나 패션쇼에서는 의상의 소재와 콘셉트에 따라 다양한 질감을 연출할 수 있다.

⑤ **컬러와 톤:** 내추럴한 분위기를 위해 단색이나 유사 계열 컬러를 사용한다. 누드, 베이지, 브라운 계열로 자연스러움을 강조하고, 오렌지나 코럴 계열로 자연스러운 혈색을 표현한다.

2 로맨틱 이미지(Romantic Image)

[로맨틱]

로맨틱 이미지는 여성스럽고 낭만적이며 순수한 분위기를 강조하는 스타일이다. 주로 원피스, 스커트, 블라우스를 활용한 스타일링이 대표적이며, 실루엣에서는 X자형의 볼륨감 있는 형태를 자주 사용한다.

또한 플라워 프린트, 자수, 망사, 시폰(Chiffon), 새틴(Satin) 등의 소재를 활용하고, 리본 장식, 프릴(Frill), 셔링(Shirring) 등의 디테일을 가미하여 로맨틱한 분위기를 더욱 극대화할 수 있다.

로맨틱 메이크업은 핑크 계열과 부드러운 파스텔 컬러(Pastel Color)를 중심으로 화사하고 밝은 피부 표현을 연출하는 것이 중요하다. 베이스 단계에서 하이라이트를 적극적으로 활용하면 피부가 더욱 밝아 보이며, 메이크업의 색감이 한층 돋보인다.

메이크업 표현 기법

① **베이스 메이크업:** 피부를 화사하고 생기 있어 보이도록 표현하는 것이 핵심이다. 가볍고 촉촉한 제형의 파운데이션을 사용하며, 하이라이트(Highlight)를 활용해 얼굴에 입체감을 더한다.

② **블러셔:** 사랑스럽고 소녀 같은 분위기를 강조하기 위해 볼 중앙이나 눈가 가까이에 둥근 형태로 표현한다. 핑크(Pink)), 피치(Peach) 계열의 블러셔(Blusher)를 활용하면 로맨틱한 분위기를 더욱 극대화할 수 있다.

③ **아이 메이크업:** 직선적인 표현보다는 곡선적인 형태를 활용하여 여성스럽고 부드러운 느낌을 강조한다. 아이섀도는 그라데이션 기법이나 아이 홀 패턴을 활용하여 은은한 깊이 감을 연출하는 것이 좋다. 또한, 펄이 들어간 섀도를 눈 중앙이나 언더 부분에 가볍게 터치하면 한층 더 신비로운 분위기를 연출할 수 있다.

④ **립 메이크업:** 자연스러운 그러데이션 립이나 촉촉한 글로시 립을 활용하여 부드럽고 로맨틱한 느낌을 강조한다. 코럴(Coral), 피치(Peach), 로즈 핑크(Rose Pink) 계열의 컬러를 활용하면 사랑스러운 분위기를 극대화할 수 있다.

⑤ **컬러와 톤:** 로맨틱한 이미지를 강조하기 위해 페일 톤(Pale Tone), 라이트 톤(Light Tone)의 컬러를 활용하고, 로즈 핑크, 라벤더, 골드 펄 등의 색상으로 포인트를 준다. 아이 메이크업, 블러셔, 립 메이크업 간의 컬러와 톤을 조화롭게 배치해 다양한 로맨틱 이미지를 연출한다.

3 엘레강스 이미지(Elegance Image)

엘레강스 이미지는 우아함과 고급스러움을 강조하는 세련된 스타일로, 실크(silk), 시폰(Chiffon), 울(wool) 등 고급스러운 소재를 사용해 부드러운 곡선미를 살린 여성스러운 실루엣을 특징으로 한다.

엘레강스 메이크업은 성숙하고 세련된 인상을 주는 것이 중요하다. 아이 메이크업은 깊이감을 살리기 위해 홀 패턴이나 아이 홀 강조 패턴을 사용하고, 눈썹과 아이라인은 부드러운 곡선 형태로 표현해 우아한 분위기를 만든다. 아이 메이크업에서는 은은한 펄을 사용해 부드럽고 세련된 음영감을 더하고, 자연스럽고 고급스러운 느낌을 강조한다.

[엘레강스]

메이크업 표현 기법

① **베이스 메이크업:** 소프트 매트 느낌의 베이스 메이크업과 자연스럽고 고급스러운 윤기와 광택을 연출하기 위해 하이라이트 부분에 은은한 펄을 더한다.

② **아이 메이크업:** 그레이시 톤(Grayish tone), 오렌지 브라운, 로즈 브라운 등으로 깊이 감을 주고, 은은한 펄을 사용해 부드러운 음영감을 더한다.

③ **블러셔:** 차분한 오렌지나 로즈 계열의 색상으로 자연스러운 혈색을 더하고, 부드럽게 블렌딩(Blending)해 고급스러움과 우아함을 강조한다.

④ **립 메이크업:** 성숙한 여성미를 강조하기 위해 입술 선을 사려 정교하게 그리고 채도가 낮은 핑크 계열이나 딥 톤(Deep tone)의 레드 계열 립 컬러를 사용한다.

⑤ **컬러와 톤:** 엘레강스 이미지에서는 그레이시 톤(Grayish tone), 오렌지 브라운(Orange Brown), 로즈 브라운(Rose Orange Brown) 등의 중명도~중채도 색상을 사용하고 립 컬러는 차분한 느낌의 핑크나 딥 레드 계열을 활용해 성숙하고 고급스러운 분위기를 완성한다.

4 클래식 이미지(Classic Image)

클래식 이미지는 유행에 좌우되지 않고 오랜 시간 동안 변하지 않는 스타일로 보수적이면서도 고급스럽고 우아한 분위기를 강조한다. 대표적인 패션 아이템으로 샤넬 슈트(Chanel suit), 트렌치 코트(trench coat), 테일러드 수트(tailored suit) 등이 있으며 블랙, 화이트, 브라운 계열의 채도가 낮은 저명도 색상이 주로 사용된다.

클래식 메이크업은 차분하고 안정적인 색상과 과도하지 않은 표현을 사용해 기품 있고 단정한 이미지를 완성한다. 기본형 눈썹을 사용해 자연스럽고 단정한 느낌을 주며 아이 메이크업은 음영을 자연스럽게 넣거나 아이펜슬, 아이섀도를 사용해 선이 강하게 나타나지 않도록 눈매를 강조한다. 글로시나 펄 느낌은 피하고 피부 질감은 자연스럽게 표현한다.

[클래식]

메이크업 표현 기법

① **베이스 메이크업:** 피부 결점이나 홍조는 컨실러(concealer)로 커버하고, 자연스러운 피부 질감을 강조한다.
② **아이 메이크업:** 자연스러운 음영을 주거나 선이 강하지 않게 아이펜슬이나 아이섀도를 사용해 눈매를 강조한다.
③ **블러셔:** 차분하고 세련된 색상으로 자연스러운 혈색을 더한다. 브라운, 로즈 계열 컬러의 블러셔를 활용해 은은한 생기를 표현한다.
④ **립 메이크업:** 컬러는 과하지 않게 자연스럽고 차분한 느낌의 컬러를 사용한다. 매트 또는 새틴 텍스처(Satin Texture)를 사용해 고급스럽고 단정한 인상을 강조한다.
⑤ **컬러와 톤:** 세련된 느낌을 주는 브라운, 와인, 버건디(Burgundy) 컬러를 사용해 눈매에 포인트를 주고, 톤 온 톤(Tone on Tone) 배색으로 전체적으로 조화롭고 안정된 느낌으로 표현한다.

5 아방가르드 이미지(Avant-Garde Image)

아방가르드(Avant-Garde)는 '전위적'이라는 의미를 가지며 기존의 관념과 전통을 부정하고 새로운 것을 창조하는 실험적이고 혁신적인 스타일을 추구한다. 패션에서는 기능성과 실용성보다 예술성을 중시하며 이질적인 소재를 혼합하거나 새로운 소재를 활용하는 등 과감한 시도를 통해 독창적인 스타일을 완성한다.

패치워크(Patch Work) 기법을 활용한 컬러 믹스매치(Mix-Match), 인체의 특정 부위를 과장하거나 축소하는 디자인, 비대칭 라인과 자유로운 실루엣 표현을 통해 개성적이고 파격적인 분위기를 강조한다.

아방가르드 메이크업은 기존의 뷰티 메이크업과는 달리 독창적이고 예술적인 느낌을 강조하며, 창의적이고 과감한 메이크업 표현이 가능하다. 또한, 패션과 예술이 결합된 강렬한 이미지를 표현할 수 있다.

[아방가르드]

메이크업 표현 기법

① **베이스 메이크업:** 피부 표현은 강한 대비와 극적인 효과를 중심으로 하며, 매트한 질감부터 창백한 하드 매트, 글로시한 질감, 펄과 글리터를 활용한 광택 표현까지 콘셉트에 따라 다양한 질감을 적용한다.

② **아이 메이크업:** 강렬한 선과 비정형적인 불규칙한 라인을 활용해 독창적인 스타일을 연출하며, 선과 면의 경계를 허물거나 점을 활용해 형태를 강조한다.

③ **오브제 메이크업:** 이질적인 소재를 피부 위에 부착하거나 변형하여 개성적이고 독특한 스타일을 연출한다.

④ **컬러와 톤:** 강렬한 강조 배색과 보색 대비를 활용해 실험적인 색감을 연출하며, 때로는 흑백의 강렬한 대비를 사용하여 강한 인상을 남긴다.

6 매니시 이미지(Mannish Image)

매니시(Mannish)는 남성적인 요소를 활용하여 강인하고 세련된 분위기를 연출하는 스타일이다. 직선적인 패턴과 구조적인 실루엣이 특징이며 광택이 적은 코튼(Cotton), 울(Wool), 모직 등의 소재를 활용한 테일러드 슈트(Tailored Suit), 오버사이즈 재킷(Oversized Jacket), 셔츠(shirt) 등의 패션 아이템(Fashion Item)과 조화를 이룬다.

[매니시]

매니시 메이크업은 강한 윤곽과 절제된 색감을 활용하여 중성적인 분위기를 극대화하며, 구조적인 표현을 통해 강인하고 세련된 이미지를 완성한다.

메이크업 표현 기법

① **베이스 메이크업:** 건강하고 탄력 있는 피부 표현을 위해 모델의 피부 톤보다 한 단계 어두운 컬러를 선택하며, 유분기 없이 매트한 질감을 강조하여 단정하고 깔끔한 느낌을 연출한다.

② **아이 메이크업:** 눈썹은 강인한 인상을 주기 위해 각이 있는 기본형이나 직선형으로 표현하며, 눈썹 펜슬과 마스카라를 활용해 결을 살려 연출한다. 아이섀도는 누드나 브라운 계열을 활용하여 최소한의 음영을 더한다.

③ **블러셔:** 주황이나 브라운 계열을 활용하여 자연스러운 음영을 더하여 과한 발색보다는 한 듯 안 한 듯 미묘한 컬러감으로 얼굴의 윤곽을 강조한다.

④ **립 메이크업:** 누드 베이지 계열의 립스틱을 사용하여 입술 형태를 살리면서도 과하지 않게 연출하며 광택이 없는 매트한 질감으로 표현한다.

⑤ **컬러와 톤:** 무채색과 저채도의 브라운, 카키(Kaki), 그레이시한 컬러를 활용하여 세련되고 차분한 인상을 강조한다. 색조를 최소화하면서도 명암을 활용한 구조적인 표현이 중요한 요소이며, 전체적으로 톤 온 톤 배색을 활용하여 통일감 있는 분위기를 연출한다.

7 시크 이미지(Chic Image)

시크(Chic) 스타일은 세련되고 도시적인 감각을 강조하며 절제된 디자인과 균형 잡힌 실루엣이 특징이다. 불필요한 장식을 최소화하고 직선적인 H라인 실루엣을 활용하여 깔끔하고 모던한 분위기를 연출한다. 컬러는 블랙, 화이트, 그레이 등의 무채색 계열과 그레이시 톤(grayish tone)을 활용하여 차분하고 고급스러운 느낌을 강조한다.

[시크]

시크 메이크업은 절제된 색감과 깔끔한 선 표현을 통해 도시적이고 현대적인 분위기를 강조하며, 정제된 아름다움을 극대화하는 것이 핵심이다.

메이크업 표현 기법

① **베이스 메이크업:** 매트하거나 소프트 매트한 질감으로 표현하여 세련된 인상을 강조한다. 필요에 따라 은은한 광택을 더해 피부에 자연스러운 입체감을 부여한다.

② **아이 메이크업:** 눈매를 또렷하게 강조하는 것이 핵심으로, 스모키 아이 메이크업을 활용하거나 아이라인을 강하게 연출하여 깊이 감 있는 눈매를 만든다. 아이섀도는 브라운, 그레이, 블랙 계열을 활용하며, 채도가 낮은 뉴트럴 컬러로 세련된 분위기를 연출한다.

③ **블러셔:** 색조를 최소화하는 시크한 스타일을 반영하여 블러셔 사용을 절제하거나, 자연스러운 음영을 주는 정도로 표현한다. 톤 다운된 베이지, 누드 브라운 계열을 활용하여 얼굴 윤곽을 살리는 것이 효과적이다.

④ **립 메이크업:** 채도를 낮춘 뉴트럴 컬러의 립스틱을 활용하여 차분하면서도 세련된 이미지를 완성한다. 매트한 질감을 사용하여 시크한 분위기를 강조하거나, 은은한 광택을 더해 도시적인 감각을 연출할 수 있다.

⑤ **컬러와 톤:** 블랙, 그레이, 브라운 등 무채색과 뉴트럴 컬러를 중심으로 사용하며, 색상의 절제와 균형을 중시하여 군더더기 없는 세련된 이미지를 완성한다. 시크 메이크업은 절제된 색감과 깔끔한 선 표현을 통해 도시적이고 현대적인 분위기를 강조하며, 정제된 아름다움을 극대화하는 것이 핵심이다.

8 고저스 이미지(Gorgeous Image)

고저스(Gorgeous) 스타일은 화려하고 호화로운 매력을 강조하며, 고급스러우면서도 강렬한 여성미를 표현하는 것이 특징이다. 패션에서는 앤티크(Antique)한 문양, 금색 소재의 드레스, 모피, 볼드(Bold)한 액세서리 등을 활용하여 상류사회의 우아하면서도 화려한 분위기를 연출한다.

고저스 메이크업은 화려한 색상과 빛나는 텍스처(Texture)를 조화롭게 활용하여 고급스러우면서도 강렬한 분위기를 연출하며, 세련된 화려함을 극대화하는 것이 핵심이다.

[고저스]

메이크업 표현 기법

① **베이스 메이크업:** 피부를 매끈하고 화사하게 표현하며, 윤기를 강조하기 위해 하이라이터와 펄 베이스(Pearl Base)를 활용한다. 고급스러운 분위기를 살리기 위해 피부 결점을 꼼꼼히 커버하여 완벽한 피부 표현을 연출한다.

② **아이 메이크업:** 눈썹은 각진 형태나 아치형으로 정리하여 세련된 인상을 강조하며, 아이홀 패턴을 활용하여 깊이 감을 더한다. 아이라인은 두껍고 선명하게 그려 강렬한 눈매를 연출하거나, 스모키 메이크업을 활용하여 더욱 깊이 있는 분위기를 만든다. 골드, 브론즈(Bronze) 계열의 펄 아이섀도를 사용하여 화려한 광택감을 강조하고, 다크 톤(Dark Tone) 컬러를 활용하여 입체적인 눈매를 완성한다.

③ **블러셔:** 볼륨감을 살리는 방식을 사용하며, 혈색을 강조하는 로즈 계열이나 브론즈 계열을 활용하여 화려하면서도 고급스러운 분위기를 연출한다. 은은한 펄이 함유된 블러셔를 사용하면 더욱 입체적인 효과를 줄 수 있다.

④ **립 메이크업:** 강렬한 인상을 주기 위해 다크한 레드, 와인 계열의 컬러를 선택하며, 펄이 있는 립 글로스를 덧발라 입술 중앙에 볼륨감을 더한다. 립 라이너를 활용하여 선명하고 또렷한 립 라인을 연출하면 더욱 고급스러운 인상을 강조할 수 있다.

⑤ **컬러와 톤:** 골드, 브론즈, 버건디, 다크 레드 등 화려하고 깊이 감 있는 컬러를 중심으로 구성하며, 펄과 글리터를 적극적으로 활용하여 빛나는 광택감을 강조하는 것이 특징이다.

03 CHAPTER 역사성에 의한 메이크업 발상

트렌드(Trend)는 과거, 현재, 미래가 유기적으로 연결되며 시대의 흐름 속에서 변화하고 발전한다. 단순히 유행이 반복되는 것이 아니라 동시대의 사회적, 문화적 배경과 관념이 반영되면서 새로운 형태로 진화하는 특징을 가진다. 최근에는 패션을 넘어 사회 전반에 걸쳐 레트로(Retro) 트렌드가 확산되면서 기성세대에게는 익숙한 감성을 젊은 세대에게는 신선한 매력을 제공하는 뉴트로(New-tro) 스타일이 하나의 흐름으로 자리 잡고 있다.

역사성에 의한 메이크업 발상은 특정 시대의 메이크업 스타일을 단순히 재현하는 것을 넘어 당시의 사회적 배경과 미적 감각을 현대적 트렌드와 결합하여 메이크업 디자인을 창의적으로 재해석하는 과정이다. 이를 통해 시대별 메이크업의 특징을 현대적 감각으로 표현하고 새로운 메이크업 디자인 방향을 제시할 수 있다.

1910년대부터 1980년대까지의 메이크업 트렌드는 사회·문화적 변화에 따라 다채로운 특징을 보이며 발전해 왔다. 이러한 시대별 메이크업 스타일을 현대적으로 응용할 때는 각 시대의 핵심 요소를 살리면서도 현대적인 감각과 조화를 이루는 것이 중요하다.

1 1910년대 메이크업(1910' s Makeup)

1) 1910년대의 사회적 배경과 메이크업 특징

1910년대는 제1차 세계대전의 영향으로 여성들의 사회적 활동이 증가하면서 화장품 소비가 본격적으로 확대된 시기였다. 또한 무성영화가 대중화되며 영화 속 스타들의 메이크업이 대중에게 전파되기 시작하였다. 대표적인 배우인 테다 바라(Theda Bara)와 폴라 네그리(Pola Negri)는 짙은 블랙 컬러의 아이 메이크업, 가는 일자형 눈썹 그리고 라인을 강조한 얇고 작은 입술을 유행시켰다. 흑백영화 시대의 특성상, 색상보다는 명도 차이를 강조한 메이크업이 주를 이뤘다.

2) 1910년대 메이크업을 응용한 현대적 디자인

① 명도에 의한 음영 메이크업: 흑백영화 시대의 명암 대비를 현대적인 음영 메이크업으로 재해석하여 얼굴 윤곽을 강조한다.

② 강조된 블랙 아이 메이크업: 아이 메이크업을 더 강렬한 색상으로 표현하고, 현대적인 터치를 추가해 개성 있는 눈매를 연출한다.

③ 일자형 눈썹: 깔끔하고 강한 일자형 눈썹을 사용하여, 1910년대의 느낌을 현대적인 스타일로 응용한다.

④ 얇고 작은 입술: 입술 라인을 정교하게 표현하고, 자연스러운 색감을 적용하여 고유의 독특한 분위기를 현대적으로 변형한다.

1910년대 메이크업은 당시의 명암 대비와 강조된 요소들을 현대적인 음영과 색조로 재구성하여 클래식한 매력을 현대적으로 재해석한다.

[1910년대 메이크업]

2 1920년대 메이크업(1920' s Makeup)

1) 1920년대의 사회적 배경과 메이크업 특징

1920년대는 제1차 세계대전 종전 후 경제적 번영과 소비문화가 확산되며, 대중문화가 급속도로 발전한 시기였다. 재즈와 스포츠가 유행하였고, 1927년 최초의 유성영화 등장과 함께 영화 속 배우들의 메이크업과 패션이 대중에게 큰 영향을 주었다.

이 시기의 메이크업은 강렬하고 개성적인 스타일이 특징으로 창백한 피부 표현, 진한 눈매, 가늘고 길게 처진 눈썹, 그리고 작고 둥근 '큐피드의 활' 모양의 입술이 대표적이었다. 특히 인조 속눈썹과 콜(코올) 아이라인을 활용한 깊이 있는 아이 메이크업이 유행했다. 또한 입술 모양을 작고 둥글게 강조하는 기법과 애교 점을 활용한 스타일이 대중적으로 큰 인기를 끌었다.

① 클라라 보우(Clara Bow): 창백한 피부, 검고 깊이 있는 아이 메이크업, 가늘고 길게 처진 눈썹, 작고 둥근 붉은 립.

② 글로리아 스완슨(Gloria Swanson): 성숙한 여성의 세련된 메이크업, 강조된 속눈썹과 콜 아이라인, 입 꼬리가 올라간 S-커브 입술, 그리고 인기 있었던 애교점이 포인트.

2) 1920년대 메이크업을 응용한 현대적 디자인

① 강조된 눈매: 아이섀도나 아이라인을 활용해 깊이 있는 눈매를 연출하고 인조 속눈썹이나 볼륨 마스카라로 풍성한 속눈썹을 강조.

② 가늘고 길게 처진 눈썹: 기존의 자연스러운 눈썹 형태 대신, 얇고 길게 그리고 눈꼬리를 살짝 처지게 표현하여 1920년대 특유의 분위기 연출.

③ 입술 모양 & 애교 점: '큐피드의 활' 모양을 응용하여 입술 중앙을 강조하고 부드러운 그라데이션 기법을 활용해 현대적으로 변형. 또한, 입술 옆이나 눈가에 작은 애교 점을 추가해 클래식한 분위기를 살린다.

④ 창백한 피부 표현: 피부는 세미 매트한 표현을 활용하여 당시의 창백한 피부 톤을 현대적인 감각으로 연출.

1920년대 메이크업은 강렬한 아이 메이크업, 처진 눈썹, 개성 있는 입술 형태 그리고 애교점이 주요 특징이다. 이를 현대적으로 재해석하면 클래식하면서도 유니크(Unique)한 분위기를 연출할 수 있다.

[1920년대 메이크업]

3 1930년대 메이크업(1930' s Makeup)

1) 1930년대의 사회적 배경과 메이크업 특징

1929년 경제 대공황으로 인해 전 세계적으로 경제 활동이 위축되었고, 여성들은 다시 가정으로 돌아가면서 더욱 우아하고 여성스러운 스타일이 강조되었다. 패션에서는 '롱 앤 슬림(Long and Slim)' 실루엣이 유행했으며, 메이크업 역시 1920년대의 인위적인 스타일보다 정교하고 성숙한 분위기로 변화하였다.

영화 산업이 성장하면서 스크린 속 배우들이 당대 미의 기준이 되었으며, 대표적인 스타로는 그레타 가르보(Greta Garbo), 마를렌 디트리히(Marlene Dietrich), 진 할로우(Jean Harlow), 조안 크로포드(Joan Crawford) 등이 있다.

이 시대의 메이크업은 가늘고 둥근 아치형 눈썹이 특징적이며, 아이 홀에는 브라운 계열의 섀도를 사용하여 깊이 있는 음영을 강조하였다. 또한 눈 뼈 부분에 하이라이트를 넣어 입체적인 눈매를 연출하였으며, 속눈썹과 아이라인은 부드럽지만 또렷하게 표현하여 세련된 인상을 주었다. 입술은 반짝이는 붉은 립스틱을 사용하여 풍성하고 볼륨감 있게 표현하는 것이 1930년대 메이크업의 대표적인 특징이다.

2) 1930년대 메이크업을 응용한 현대적 디자인

① 아치형 눈썹: 기존의 직선적인 눈썹 대신, 부드럽고 둥근 아치형으로 정리하여 우아하고 여성스러운 분위기를 강조.

② 입체적인 아이 메이크업: 아이 홀에 브라운 계열의 음영을 자연스럽게 넣어 깊이 감을 더하고, 눈 뼈 부분에 하이라이트를 추가하여 입체적인 효과 연출.

③ 강조된 속눈썹과 아이라인: 속눈썹을 더욱 길고 풍성하게 연출하고 부드러운 아이라인을 그려 클래식하면서도 세련된 인상을 구현.

④ 볼륨감 있는 입술: 촉촉한 질감의 붉은 립 컬러를 사용하여 입술을 도톰하고 윤기 있게 표현.

[1930년대 메이크업]

1930년대 메이크업은 곡선적인 눈썹, 입체적인 아이 메이크업, 볼륨감 있는 립이 조화를 이루며 이를 현대적으로 재해석하면 우아하면서도 성숙한 분위기를 연출할 수 있다.

4 1940년대 메이크업(1940's Makeup)

1) 1940년대의 사회적 배경과 메이크업 특징

1939년부터 1945년까지 지속된 제2차 세계대전으로 인해 유럽이 전쟁에 휘말리면서 미국이 패션과 뷰티 산업의 중심지로 자리 잡게 되었다. 또한 컬러 필름의 등장으로 할리우드 영화 산업이 더욱 성장하며 영화 속 스타들이 메이크업 트렌드를 주도하게 되었다.

이 시대에는 여성의 관능적인 이미지가 이상적인 스타일로 자리 잡았으며, 대표적인 스타로는 잉그리드 버그만(Ingrid Bergman), 리타 헤이워스(Rita Hayworth), 베로니카 레이크(Veronica Lake), 베티 그레이블(Betty Grable) 등이 있다.

1940년대의 메이크업은 강한 곡선미와 볼륨감이 특징으로, 두껍고 또렷한 아치형 눈썹과 풍성한 속눈썹으로 인상적인 눈매를 연출했다. 또한, 여성스러운 아웃커브(Out Curve) 형태의 입술을 강조하여 입술이 도톰하고 크게 보이도록 표현하였으며, 볼륨감 있고 반짝이는 레드 립(Red Lip)이 유행하였다.

2) 1940년대 메이크업을 응용한 현대적 디자인

① 강한 곡선미의 눈썹: 두께 감 있는 아치형 눈썹을 연출하여 클래식하면서도 우아한 분위기 강조.

② 또렷한 눈매 표현: 마스카라와 인조 속눈썹을 활용해 깊고 강렬한 눈매를 연출하고, 아이라인을 자연스럽게 연결하여 세련된 인상을 부각.

③ 아웃커브 립 메이크업: 입술 윤곽을 아웃커브 형태로 정교하게 잡아 관능적인 분위기를 연출하고, 풍성한 볼륨감을 더해 강조.

④ 광택 있는 레드 립: 반짝이는 질감의 레드 립 컬러를 사용하여 생동감 넘치는 입술을 표현.

1940년대 메이크업은 강한 곡선미, 깊이 있는 눈매, 볼륨감 있는 레드 립으로 관능적이면서도 세련된 여성미를 표현하며, 이를 현대적으로 재해석하면 우아하면서도 클래식한 분위기의 메이크업을 연출할 수 있다.

[1940년대 메이크업]

5 1950년대 메이크업(1950' s Makeup)

1) 1950년대의 사회적 배경과 메이크업 특징

제2차 세계대전 종식 후 미국과 소련이 대립하는 냉전 시대에 접어들었으며, 로큰롤 음악과 컬러 영화, TV의 보급으로 대중 스타들의 이미지가 더욱 강력한 영향을 미쳤다.

이 시기에는 여성의 역할이 다시 가정 중심으로 회귀하면서 우아하고 성숙한 여성미를 강조하는 메이크업이 유행했다. 마릴린 먼로(Marilyn Monroe), 오드리 헵번(Audrey Hepburn), 엘리자베스 테일러(Elizabeth Taylor), 에바 가드너(Ava Gardner), 그레이스 켈리(Grace Kelly) 등 할리우드 스타들이 메이크업과 패션 트렌드를 주도했다.

마릴린 먼로는 눈썹 산을 살린 아치형 눈썹, 입체감 있는 아이 메이크업, 길게 빼는 아이라인과 풍성한 속눈썹, 아웃커브의 레드 립과 애교 점으로 관능적인 이미지를 완성했다.

오드리 헵번은 굵고 각진 눈썹과 눈 꼬리를 올린 두꺼운 아이라인을 유행시키며 청순한 느낌과 함께 고전적인 우아한 분위기를 연출했다.

2) 1950년대 메이크업을 응용한 현대적 디자인

① 굵고 선명한 눈썹: 강한 인상을 주는 각진 눈썹을 표현하여 우아하고 세련된 분위기 연출.
② 입체적인 아이 메이크업: 아이 홀에 음영을 주고 눈 중앙과 눈썹 뼈에 하이라이트를 더해 깊이감 있는 눈매 강조.
③ 아이라인과 속눈썹: 눈 꼬리를 올린 두꺼운 아이라인과 바깥쪽으로 길게 붙인 인조 속눈썹으로 또렷한 눈매 연출.
④ 볼륨감 있는 레드 립: 입술 윤곽을 아웃커브 형태로 잡아 풍성한 볼륨감과 생동감 있는 레드 립 표현.
⑤ 애교 점 포인트: 마릴린 먼로 스타일의 애교 점을 추가하여 관능적인 분위기 강조.

1950년대 메이크업은 우아함과 관능미를 조화롭게 표현한 스타일로, 이를 현대적으로 재해석하면 강렬하면서도 고전적인 아름다움을 강조하는 메이크업을 연출할 수 있다.

[1950년대 메이크업]

6 1960년대 메이크업(1960' s Makeup)

1) 1960년대의 사회적 배경과 메이크업 특징

1960년대는 베이비붐 세대의 등장과 함께 기존 사회 질서에 반발하며 개성과 자유를 강조하는 시대였다. 히피 문화와 모즈(Mod) 스타일이 유행하며 기존의 성숙하고 우아한 이미지에서 벗어나 젊고 독창적인 스타일이 대두되었다.

메이크업은 인형 같은 큰 눈을 강조하는 것이 특징으로, 옅은 눈썹과 립 컬러, 두껍고 선명한 아이라인, 풍성한 속눈썹이 유행했다. 대표적인 스타일 아이콘으로는 트위기(Twiggy)와 브리짓 바르도(Brigitte Bardot)가 있다.

트위기는 눈 꼬리를 내린 아이라인과 아래 속눈썹을 그림으로 표현한 독특한 아이 메이크업으로 유명했다. 브리짓 바르도는 짙은 스모키 아이 메이크업과 볼륨감 있는 입술 표현으로 섹시하고 여성스러운 이미지를 강조했다.

[1960년대 메이크업]

2) 1960년대 메이크업을 응용한 현대적 디자인

① 드라마틱한 아이 메이크업: 두껍고 선명한 아이라인과 속눈썹을 강조하여 깊고 또렷한 눈매 연출.

② 옅은 눈썹과 립 컬러: 눈을 강조하기 위해 자연스러운 눈썹과 소프트한 립 컬러 적용.

③ 언더 속눈썹 강조: 인조 속눈썹을 언더에 추가하거나, 트위기 스타일처럼 속눈썹을 그려 개성적인 룩 연출.

④ 스모키 아이 & 볼륨 립: 브리짓 바르도 스타일을 반영해 부드러운 스모키 아이 메이크업과 입체적인 립 표현.

1960년대 메이크업은 개성과 창의성이 강조된 스타일로, 현대적으로 재해석하면 독특하면서도 트렌디한 메이크업을 연출할 수 있다.

7 1970년대 메이크업(1970’ s Makeup)

1) 1970년대의 사회적 배경과 메이크업 특징

1970년대는 석유 파동으로 인한 경제 불황과 실업난으로 사회 전반에 반문화적 움직임이 확산되었다. 특히 여성해방 운동이 활발해지면서 바지가 여성 정장으로 자리 잡는 등 패션과 메이크업에도 강한 변화가 나타났다.

1970년대 후반에는 기존 사회 질서와 전통적 미적 기준에 반항하는 펑크(Punk) 문화가 등장했다. 모히칸 헤어, 찢어진 망사스타킹, 피어싱(Piercing) 등의 스타일과 함께 펑크 메이크업이 유행했으며, 이는 단순한 미적 표현을 넘어 사회에 대한 강한 저항을 상징했다.

펑크 메이크업의 대표적인 특징은 과장된 아이 메이크업과 강렬한 색감이다. 검정 아이섀도로 눈 주위를 멍든 듯 거칠게 표현하거나, 아이라인을 두껍고 과감하게 그려 시선을 사로잡는 아이 메이크업이 주를 이뤘다. 볼터치는 블랙, 화이트, 옐로우 등 일반적인 색에서 벗어난 컬러를 사용했으며, 립 컬러는 무광택 블랙, 다크 브라운, 딥 와인 색상으로 강렬한 이미지를 연출했다.

[1970년대 메이크업]

2) 1970년대 메이크업을 응용한 현대적 디자인

① 창백한 피부 표현: 피부 톤을 밝고 매트하게 연출해 강렬한 아이 & 립 메이크업과 대비 효과 극대화.

② 과감한 아이 메이크업: 블랙 아이섀도를 사용해 번진 듯한 스모키 아이 또는 눈 주위를 감싸는 과장된 아이라인 연출.

③ 개성 있는 컬러 포인트: 블랙, 화이트, 옐로우 등의 색상을 블러셔나 아이 메이크업에 활용해 실험적인 느낌 부각.
④ 다크 립 컬러: 블랙, 짙은 와인, 다크 브라운 등 깊고 강렬한 색상의 립 메이크업으로 반항적인 분위기 연출.
⑤ 비대칭적 요소 추가: 한쪽 눈만 강조하는 언밸런스(Unbalance) 메이크업이나 거친 붓 터치로 아트적인 감각 살리기.

1970년대 펑크 메이크업은 사회적 저항과 개성을 상징하는 스타일로 현대 패션쇼나 화보에서도 자주 응용된다. 이를 현대적으로 재해석하면 아방가르드하면서도 개성 강한 메이크업으로 활용할 수 있다.

8 1980년대 메이크업(1980' s Makeup)

1) 1980년대의 사회적 배경과 메이크업 특징

1980년대에는 여성들의 사회적 지위가 높아지면서 여피(Yuppie) 문화가 확산되었고, 앤드로지너스 룩(Androgynous Look)과 빅 룩(Big Look)이 유행하며 강하고 세련된 이미지가 강조되었다.
컬러 TV와 MTV의 등장, 디스코 열풍으로 메이크업은 더욱 화려해졌으며, 펄과 비비드 컬러(Vivid Color)의 아이 메이크업, 두꺼운 눈썹, 선명한 레드 립이 특징적이었다. 특히 마돈나(Madonna)의 대담하고 섹시한 메이크업 스타일이 많은 여성들에게 영향을 주었다.

2) 1980년대 메이크업을 응용한 현대적 디자인

① 강렬한 컬러 아이 메이크업: 블루, 퍼플(Purple), 핑크 등 다양한 컬러를 조합하고, 펄과 글리터를 활용해 화려한 느낌 강조.
② 굵고 선명한 눈썹: 자연스러운 아치형이 아닌 두껍고 강렬한 형태로 표현하여 강한 인상 연출.

③ 볼드한 블러셔: 광대뼈를 강조하는 오렌지, 핑크 계열 블러셔로 얼굴 윤곽을 또렷하게 부각.
④ 비비드한 레드 립: 선명하고 생동감 있는 레드 립으로 포인트.
⑤ 아방가르드한 메이크업 연출: 마돈나, 보이 조지(Boy George), 신디 로퍼(Cyndi Lauper) 등 80년대 팝스타들의 개성적인 메이크업 스타일을 현대적으로 재해석하여 활용.

1980년대 메이크업은 강렬한 컬러와 대담한 스타일이 특징으로, 현대적으로 응용하면 레트로 감성과 화려함을 살린 트렌디한 룩을 연출할 수 있다.

[1980년대 메이크업]

K BEAUTY

MAKEUP

PROFESSIONAL

PART 04

패션 메이크업 디자인 발상 프로세스

K BEAUTY

MAKEUP

PROFESSIONAL

패션 메이크업은 패션 화보와 패션쇼에서 가장 효과적으로 표현된다. 패션 화보는 기획된 주제나 콘셉트에 따라 연출된 패션 사진 기사로, 패션의 정보와 이미지를 시각적으로 전달하는 중요한 매체이다.

패션쇼 또한 단순히 의상을 선보이는 무대가 아니라 시대의 흐름과 미의식을 반영하며 새로운 트렌드를 제시하는 공간이다. 메이크업은 모델을 단순히 아름답게 꾸미는 것을 넘어 패션이 전달하고자 하는 메시지를 더욱 강렬하고 감각적으로 표현하는 역할을 한다.

특히 패션 화보와 패션쇼에서의 메이크업은 단순한 뷰티 메이크업과 달리 의상, 헤어, 무대 환경과 조화를 이루는 예술적이고 극적인 연출이 필요하다. 이는 단순히 트렌드만을 반영하는 것이 아니라 '패션 브랜드(Fashion Brand)'가 표현하고자 하는 콘셉트를 더욱 강조하는 수단이 되며 대중들에게 패션의 감성과 방향성을 직관적으로 전달하는 역할을 한다.

과거 패션 화보는 주로 카탈로그(Catalogue)나 매거진과 같은 인쇄 매체를 통해 전달되었지만, 현대에는 디지털 미디어와 SNS 마케팅이 강화되면서 온라인 매거진과 소셜 네트워크(Social Network)를 통해 더욱 빠르게 확산되고 있다.

이에 따라 메이크업 스타일과 연출 방식도 더욱 다변화되고 있으며 촬영 기법 또한 온라인 환경에 적합한 형태로 변화하고 있다.

패션쇼의 경우, 조명과 관객과의 거리를 고려하여 강한 무대 연출을 위한 '스테이지 메이크업(Stage Makeup)의 요소'도 적용된다.

또한 메이크업뿐만 아니라 행사 장소, 모델의 워킹 스타일, 무대 디자인, 조명, 음악 등 전체적인 요소가 조화를 이루어야 하며, 이를 통해 새로운 시즌의 트렌드를 제시하고 패션쇼의 예술성과 완성도를 높인다.

패션 화보와 패션쇼에서의 메이크업은 패션과 밀접한 관계를 가지며, 의상의 콘셉트와 주제에 맞춰 기획되고 디자인되어야 한다. 때로는 패션을 보완하는 역할을 하고, 때로는 트렌드를 극대화하는 요소로 작용한다. 이를 위해서는 메이크업 디자인을 철저히 기획하고 다양한 전문가들과 협업하여 조화를 이루는 것이 필수적이다.

01 CHAPTER

패션 화보

패션 화보는 패션의 이미지를 시각적으로 전달하는 중요한 매체로 활용되는 미디어(Media)와 목적에 따라 매거진(magazine), 패션 광고(fashion advertising), 패션 룩 북(fashion look book)으로 구분된다. 이 중 매거진 화보는 패션, 뷰티, 에디토리얼(editorial) 등으로 세분화되며 트렌드에 민감한 독자들에게 최신 패션 정보와 감각적인 비주얼(Visual)을 제공한다.

패션 화보에서 메이크업은 단순한 뷰티 표현을 넘어, 패션의 콘셉트와 메시지를 극대화하는 요소로 활용된다. 특히 매거진 화보에서는 실험적이고 창의적인 스타일이 요구되며, '브랜드 아이덴티티(Brand Identity)'를 강조하는 중요한 역할을 한다. 또한 조명과 스튜디오 환경, 스타일링과의 조화를 고려한 메이크업 디자인이 필요하며, 이를 통해 패션이 전달하고자 하는 감성과 트렌드를 더욱 명확하게 표현할 수 있다.

패션 화보와 매거진 메이크업에서는 기획 단계에서부터 패션과의 연계성, 콘셉트의 명확성, 창의적인 발상 과정이 필수적이다. 단순한 트렌드를 따르는 것이 아니라, 패션과 함께 새로운 미적 표현을 창조하는 과정이 요구되며, 이를 위해 스타일리스트, 포토그래퍼, 아트 디렉터(Art Director) 등 다양한 전문가들과 협업하여 촬영의 완성도를 높이는 것이 중요하다.

1 패션 화보 기획 과정과 메이크업 진행

패션 화보는 기획 단계에서부터 체계적인 준비가 필요하며, 메이크업 또한 이를 반영한 스타일링이 이루어져야 한다. 화보 제작 프로세스(Process)는 다음과 같다.

1) 시즌 콘셉트 및 주제 선정

브랜드 아이덴티티, 매거진 기획 방향, 트렌드를 분석하여 촬영의 무드(Mood)를 결정한다. 콘셉트에 따라 메이크업 스타일의 방향을 설정한다.

2) 기획 및 스타일링 구성

촬영 콘셉트에 맞춰 패션 디자인 맵, 의상 스타일, 조명, 배경 등을 기획한다.

메이크업 & 헤어스타일의 핵심 요소를 정리하여 전체적인 촬영의 '톤 앤 무드(Tone & Mood)'를 확립한다.

메이크업 시안을 제작하고 스타일리스트(Stylist) 및 포토그래퍼(Photographer)와 협의하여 최적의 방향을 설정한다.

3) 전문가 구성 및 역할 분담

매거진 화보의 경우 에디터(Editor)가 총괄 기획을 담당하며, 브랜드 화보는 브랜드 디자이너나 마케팅 담당자가 주도한다.

촬영 스태프는 포토그래퍼, 스타일리스트, 모델, 헤어 디자이너, 메이크업 아티스트로 구성되며, 팀 간의 협업이 중요하다.

메이크업 아티스트는 촬영 콘셉트에 맞춰 메이크업 스타일을 기획하고, 촬영 당일 최상의 결과물이 나올 수 있도록 현장에서 즉각적인 수정이 가능해야 한다.

4) 촬영 준비 및 리허설

촬영 전, 모든 스태프가 기획 내용을 공유하고 최종 스타일을 확정한다.

모델의 피부 컨디션을 체크하고 촬영 환경(조명, 배경)과 조화를 이루도록 메이크업을 사전 테스트한다.

조명과 카메라 테스트를 진행하여 촬영 화면에서 메이크업 컬러와 텍스처가 적절하게 표현되는지 확인한다.

5) 촬영 진행 및 디렉팅(Directing)

촬영은 하프 데이(Half-Day, 5시간) 또는 풀 데이(Full Day, 9시간) 기준으로 진행되며 촬영 순서를 효율적으로 조율해야 한다.

메이크업 아티스트는 촬영 중 지속적으로 모니터링하며 수정 작업을 수행해야 한다(예: 조명에 따라 색감이 변할 경우 추가적인 음영 조정, 광택 조절 등).

촬영 콘셉트에 맞는 표정과 포즈를 유도하여 메이크업이 더욱 효과적으로 표현될 수 있도록 디렉팅한다.

2 패션 화보 메이크업 기획에서 고려해야 할 요소

① 패션과의 조화: 메이크업은 의상, 헤어, 촬영 콘셉트와 일관성을 유지해야 하며, 패션의 분위기를 극대화하는 역할을 한다.

② 트렌드와 창의성: 패션 매거진에서는 트렌디한 요소뿐만 아니라, 실험적인 메이크업을 통해 새로운 스타일을 제시하는 것이 중요하다.

③ 콘셉트 기획의 중요성: 단순한 뷰티 표현이 아니라, 패션 브랜드나 매거진의 방향성을 반영한 메이크업 디자인이 요구된다.

④ 전문가와의 협업: 스타일리스트, 포토그래퍼, 아트 디렉터(Art Director) 등과의 긴밀한 협업을 통해 촬영의 완성도를 높인다.

패션 화보는 브랜드와 매거진의 메시지(Message)를 시각적으로 전달하는 중요한 매체로 철저한 기획과 협업이 필수적이다.

메이크업은 패션의 콘셉트를 더욱 극대화하며 촬영의 분위기와 조화를 이루도록 기획되어야 한다. 이를 위해 촬영 전 기획 회의, 카메라 테스트(Camera Test), 현장 대응력, 조명과의 조화 등을 고려하여 메이크업을 진행해야 하며 최상의 결과물을 위해 전문가들과 긴밀하게 협력해야 한다.

02 CHAPTER 패션쇼

패션쇼는 디자이너의 패션 철학과 새로운 시즌의 컬렉션을 대중에게 선보이는 무대로, 패션 화보와 달리 현장성과 역동적인 분위기가 강조된다.

특히 패션쇼의 규모가 클수록 보다 체계적인 스케줄 관리와 원활한 진행이 필수적이며, 메이크업 또한 단순한 뷰티 표현을 넘어 패션 콘셉트를 극대화하는 중요한 요소로 작용한다.

패션쇼 중에서도 가장 규모가 크고 영향력이 큰 행사는 패션위크(Fashion Week)이며, 뉴욕, 런던, 밀라노, 파리에서 열리는 4대 패션위크가 대표적이다. 국내에서도 서울 패션위크를 비롯해 다양한 패션 행사가 개최되며, 브랜드 론칭쇼(Launching Show), 디자이너 단독 패션쇼, 졸업 작품 패션쇼 등 목적에 따라 여러 유형으로 구분된다.

1 패션쇼에서의 메이크업 기획 과정

패션쇼 메이크업은 무대 연출과 조화롭게 어우러져야 하며 조명과 관객과의 거리, 런웨이(Runway) 환경을 고려한 강렬하고 입체적인 표현이 필요하다. 패션쇼는 모델들이 런웨이에서 걷는 방식으로 진행되기 때문에 메이크업이 멀리서도 효과적으로 보이도록 연출되어야 한다.

이를 위해 메이크업 아티스트는 사전 기획 단계부터 디자이너와 협업하며 패션 컬렉션의 콘셉트를 분석하고, 헤어&메이크업 시안을 개발하여 최적의 스타일을 완성해야 한다.

패션쇼는 보통 다음과 같은 과정으로 진행된다.

1) 사전 기획 및 콘셉트 회의

① 디자이너와 미팅을 통해 컬렉션의 테마 및 콘셉트 분석.

② 메이크업 시안 제출 및 피드백 반영.

③ 최종 메이크업 스타일 확정.

2) 쇼 당일 진행 과정

① 헤어&메이크업 진행: 모델 수와 쇼 스케줄에 맞춰 시간 관리가 필수.

② 1차 리허설: 무대 조명, 무대 연출과의 메이크업 조화 확인.

③ 최종 리허설: 조명과 메이크업 색감 조정.

④ 헤어&메이크업 수정: 세부 조정 및 피드백 반영.

⑤ 패션쇼 진행.

패션쇼에서는 조명의 강도와 색감에 따라 메이크업이 다르게 보일 수 있기 때문에 리허설 과정에서 지속적인 조정이 필요하다. 특히 무대에서 자연스럽고 효과적인 메이크업 이미지 표현을 위해 색조의 강약을 조절하고, 모델의 피부 톤과 조명을 고려한 하이라이트 및 음영 표현이 중요하다.

2 패션쇼 메이크업 기획에서 고려해야 할 요소

① 패션 콘셉트와 일관성 유지: 컬렉션의 테마와 어울리는 메이크업 디자인이 필요하다.
② 조명과의 조화: 런웨이 조명에 따라 색감이 다르게 보일 수 있어 리허설에서 지속적인 조정이 필요하다.
③ 입체적이고 선명한 표현: 멀리서도 또렷하게 보이도록 색조를 강조하고 음영을 활용해야 한다.
④ 빠르고 정확한 진행: 모델 수에 맞춰 헤어&메이크업 시간을 효율적으로 배분해야 한다.
⑤ 전문가와의 협업: 디자이너, 스타일리스트, 무대 연출팀과 긴밀한 소통이 필수적이다.

패션쇼는 패션 화보와 달리 현장감이 강조되며, 메이크업은 단순한 뷰티 표현이 아닌 패션의 메시지를 극대화하는 요소로 작용한다. 조명과 무대 환경을 고려하여 입체적이고 강렬한 스타일이 요구되며, 이를 위해 철저한 기획과 협업이 필수적이다.

메이크업 아티스트는 디자이너와의 사전 협의를 통해 컬렉션의 콘셉트를 분석하고, 런웨이(Runway)에서 가장 효과적으로 보일 수 있도록 메이크업을 디자인해야 한다.

03 CHAPTER

패션 메이크업 발상 프로세스

패션 메이크업은 단순한 뷰티 표현을 넘어 패션의 메시지와 감성을 시각적으로 강화하는 핵심 요소이다. 시즌 테마, 의상 콘셉트, 무대 환경과 조화를 이루며 기획되어야 하며, 이를 위해 논리적이고 체계적인 발상 프로세스를 거친다. 패션 메이크업 디자인 발상은 다음과 같은 단계로 진행된다.

1 메이크업 디자인 발상 과정

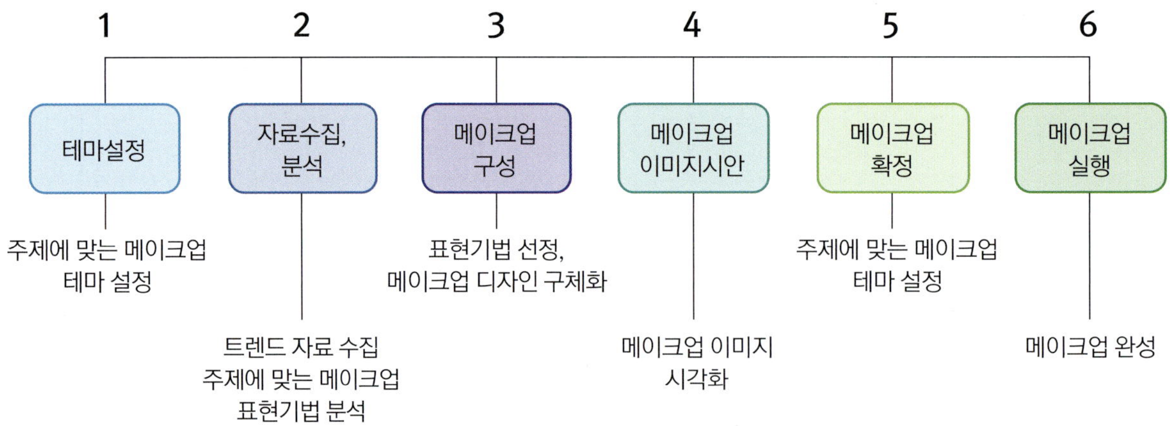

1) 테마 설정: 메이크업의 방향성을 정립하는 단계

① 시즌 테마와 주제를 분석하여 전체적인 방향성을 이해한다.

② 의상 스타일, 이미지 맵(Image Map), 촬영 레퍼런스(Reference)를 조사한다.

③ 메이크업이 표현해야 할 감성 및 스타일 방향성을 설정한다.

④ 메이크업 스타일의 핵심 키워드를 도출한다.

2) 자료 수집 및 분석: 영감과 트렌드를 탐색하는 단계

① 최신 패션 화보, 매거진, 광고, 패션쇼 등에서 메이크업 트렌드를 분석한다.

② 주제와 맞는 시즌 메이크업 트렌드 및 컬러 트렌드 등을 조사한다.

③ 자료 수집을 통해 메이크업 트렌드를 메이크업 디자인에 반영한다.

④ 레퍼런스 이미지 및 키워드(Key Word) 정리하여 메이크업 표현 기법을 구체적으로 분석한다.

3) 메이크업 디자인 구상: 콘셉트를 구체화하는 단계

① 분석한 자료를 바탕으로 메이크업의 질감, 컬러, 디테일(Detail) 등 세부 디자인을 결정한다.

② 메이크업 포인트를 정하고 의상 헤어 스타일과의 조화를 고려하여 디자인을 구체화한다.

③ 기존 트렌드에서 벗어난 독창적인 요소를 추가할 수 있는지 고민한다.

④ 실험적인 디자인이 필요할 경우 사전 테스트 과정을 거쳐 메이크업을 보완한다.

4) 메이크업 시안 제작: 시각적 계획을 수립하는 단계

① 자료 수집한 메이크업 사진으로 메이크업 시안을 제작하여 메이크업 디자인을 시각화한다.

② 모델의 개성을 반영하여 메이크업 시안을 작성한다.

③ 디자이너 및 스타일리스트, 포토그래퍼와 협업하여 콘셉트를 보완한다.

5) 메이크업 확정: 최종 스타일을 결정하는 단계

① 촬영 전 회의를 통해 최종 메이크업 시안을 확정한다.
② 메이크업 시안 최종 확정 및 디자이너와 협의 후, 메이크업을 조정한다.
③ 촬영 및 패션쇼 일정에 맞춰 스텝과 재료를 준비한다.

6) 메이크업 실행: 현장에서 최상의 결과물을 완성하는 단계

① 정해진 시간 내 메이크업 완성하는 것이 중요하다.
② 촬영 전 테스트 컷(Test Cut)을 진행하여 색감과 텍스처가 정확하게 표현되는지 확인한다.
③ 조명, 사진 스타일에 따라 메이크업을 조정한다.
④ 촬영 중 지속적인 모니터링 및 메이크업을 수정한다.

2 패션 메이크업 발상 프로세스 체크리스트

패션 메이크업을 기획할 때는 체계적인 프로세스를 통해 콘셉트를 명확하게 정리하고, 의상 및 촬영 환경과 조화를 이루는 메이크업을 디자인하는 것이 중요하다. 이를 위해 아래와 같은 체크리스트를 활용하면 보다 효율적이고 완성도 높은 메이크업 기획이 가능하다.

① 메이크업 콘셉트가 패션과 조화를 이루는가?
② 트렌드 분석을 통해 창의적인 요소를 반영했는가?
③ 페이스 차트를 통해 시각적으로 구체화했는가?
④ 촬영 환경(조명, 배경, 의상)에 맞춰 메이크업을 조정했는가?
⑤ 모델별 특성을 고려하여 메이크업 디자인을 적용했는가?
⑥ 현장에서 즉각적인 수정과 보완이 가능하도록 준비했는가?

패션 메이크업은 단순히 얼굴을 꾸미는 것이 아니라 패션의 감성과 메시지를 극대화하는 중요한 예술적 요소이다. 이를 위해 기획 단계에서부터 메이크업 디자인을 철저히 준비하고, 촬영 및 패션쇼 현장에서의 긴밀한 협업을 통해 최상의 결과물을 만들어야 한다.

체크리스트를 활용하면 기획의 체계성을 강화하고, 예측 가능한 문제를 사전에 방지하며, 창의적이고 효과적인 메이크업을 구현할 수 있다.

PART 05

패션 화보와 패션쇼 메이크업

K BEAUTY

MAKEUP

PROFESSIONAL

01 CHAPTER Magazine Makeup

매거진 메이크업(Magazine makeup)은 패션 화보의 콘셉트(Concept)를 시각적으로 효과적으로 전달하는 데 중요한 역할을 한다. 촬영 환경과 조명에 따라 메이크업의 색감과 질감이 달라질 수 있으므로, 이를 고려한 철저한 테스트와 조정이 필요하며 촬영 후에도 지속적인 모니터링(Monitoring)과 수정이 필수적이다.

또한 화보의 스타일링(Styling)과 조화를 이루면서도 트렌드(Trend)를 반영한 창의적인 표현이 요구되며, 모델의 개성과 촬영 콘셉트에 맞춘 세심한 메이크업 연출이 중요하다.

그중에서도 아이섀도(Eye shadow) 기법은 다양한 메이크업 스타일에 활용될 수 있을 뿐만 아니라, 콘셉트를 시각적으로 극대화하는 핵심적인 표현 방식이다.

이에 매거진 메이크업에서 중요한 역할을 하는 대표적인 아이섀도 기법에 대해 살펴보고자 한다.

Fashion Makeup – Base Makeup

화보 메이크업에서 베이스 메이크업(Base makeup)은 촬영 시간 동안 피부 표현이 자연스럽게 유지될 수 있도록 하는 것이 중요하다. 촬영 후 보정 작업이 이루어지는 경우가 많으므로, 베이스 메이크업이 지나치게 두껍게 발리거나 얼굴과 목의 경계가 부자연스러워 보이지 않도록 신경써야 한다.

01

화장솜에 스킨토너를 적당량 덜어 피부결에 따라 부드럽게 닦아내고 가볍게 두드려 피부 깊숙이 토너가 흡수되도록 마무리한다.

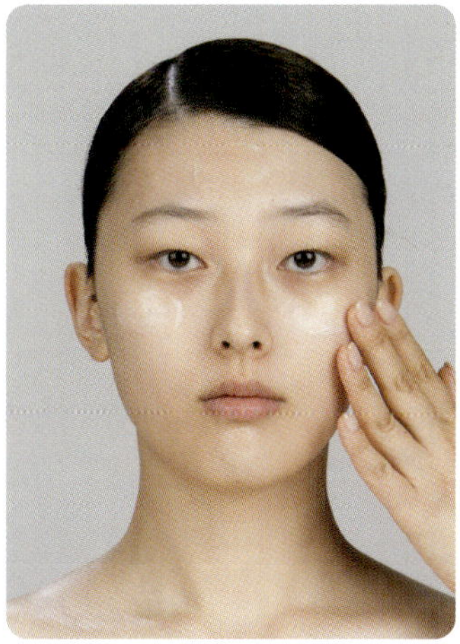

02

적당량의 수분 크림을 덜어 얼굴 중앙에서 바깥쪽으로 부드럽게 펴 바르고 가볍게 눌러 흡수시킨다.

03

메이크업 베이스를 얼굴 중앙부 T존과 U존에 점을 찍듯 소량 도포한 뒤, 피부 톤에 맞춰 얇게 펴 바르고 필요한 부분에 추가한다.

04

리퀴드 파운데이션을 얼굴 중앙에 소량씩 올린 후 얼굴에 입체감을 살려 안쪽에서 바깥쪽으로 피부결을 따라 양을 조절하여 펴 발라준다.

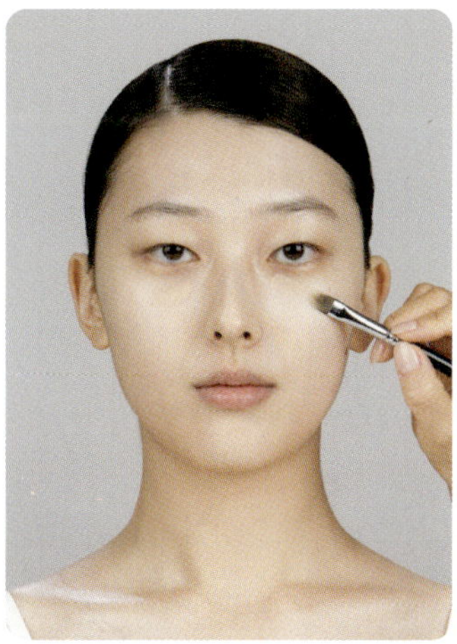

05

리퀴드 컨실러를 활용해 얼굴 중앙부는 밝은 컬러의 컨실러로 바깥부분은 어두운 컨실러로 다크써클과 잡티 등을 커버한다.

06

피부 표현을 마무리하기 위해 프레스트 타입 파우더를 사용해 얼굴 전체에 가볍게 터치하며 유분을 조절하고, 피부 톤을 균일하게 정리한다.

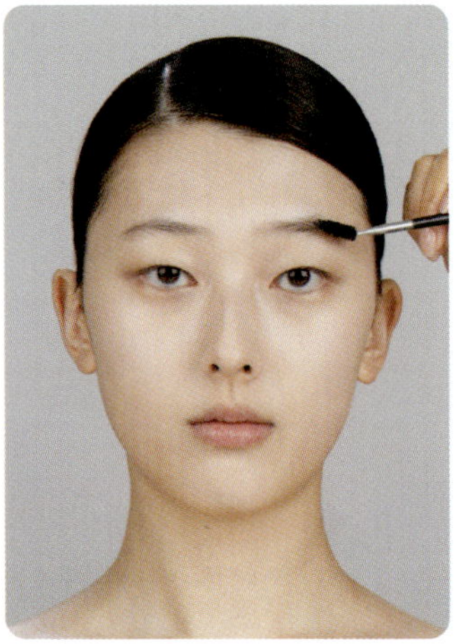

07

스크류 브러시를 사용해 눈썹 결을 따라 위쪽은 자연스럽게 빗어 올리고, 끝부분은 눈썹 결을 따라 정리하여 깔끔한 형태를 만든다.

08

아이브로우 파우더를 사용해 눈썹의 빈 곳을 가볍게 채워 자연스러운 음영을 더한다.

09

아이브로우 펜슬을 사용해 눈썹 결을 따라 한 올 한 올 그리듯이 채워 더욱 정교하고 자연스럽게 연결한다.

1 매거진 메이크업 - 그라데이션(Magazine Makeup - Gradation)

사용제품

1. 바이오더마 하이드라비오 토너 500ml
2. 에스트라 아토베리어365 로션 150ml
3. 바닐라코 잇 래디언트 CC크림 30ml
4. 에스쁘아 프로 테일러 비 글로우 파운데이션 뉴클래스 바닐라
5. 루나 롱래스팅 팁 리퀴드 컨실러 바닐라
6. 구찌 뿌드르 드 보떼 마뜨 나뛰렐 뷰티 파우더 000
7. 클리오 킬 브로우 쉐이핑 파우더 브로우 02 애쉬 쿨 브라운
8. 우드버리 하드텍스처 아이브로우 펜슬 하바나 브라운
9. 톰포드 솔레이 네쥐 아이컬러 쿼드 아이섀도우 01 블랙 다이아몬드
10. 미쯔요시 HD 프로페셔널 메이크업 아이라이너 펜슬 브라운
11. 페리페라 잉크 올블랙 카라
12. 데이지크 수플레 컬러 팟 06 모카번
13. 지방시 프리즘 리브르 파우더 무슬린 파스텔
14. 롬앤 베러 댄 컨투어 셰이딩 02 그레이 쿨

01

아이보리 컬러를 눈 전체에 넓게 펴 발라 하이라이트 효과를 주고 눈가를 환하게 정돈하여 깨끗한 베이스를 만든다.

02

코랄 브라운 컬러를 사용하여 아이 홀 부분까지 부드럽게 블렌딩하며 그라데이션을 형성한다.

03

언더에도 코랄 브라운 컬러를 발라 위아래 컬러가 자연스럽게 연결되도록 한다.

04

딥 브라운 컬러를 사용해 눈매를 강조하고 음영을 더해 깊이 감을 준다.

05

언더에도 딥브라운 컬러를 가볍게 발라 자연스럽게 연결하고, 눈매를 더 또렷하게 만든다.

06

브라운 아이펜슬을 사용해 자연스러운 음영을 더하면서 아이라인을 부드럽게 그려준다.

07

언더에도 브라운 아이펜슬을 사용해 눈매를 강조해준다.

08

속눈썹을 컬링한 후 마스카라를 발라 눈매를 또렷하게 만든다.

09

자연스러운 그라데이션 효과를 위해 코랄 브라운 컬러를 입술 중앙부터 부드럽게 펴 발라 자연스러운 혈색을 더한다.

10

립 컬러와 같은 톤의 크림 블러셔를 눈 밑 중앙부터 가볍게 발라 터치하여 그라데이션을 연출한다.

11

노즈 셰이딩을 활용해 자연스럽게 음영을 넣어 입체감을 살린다.

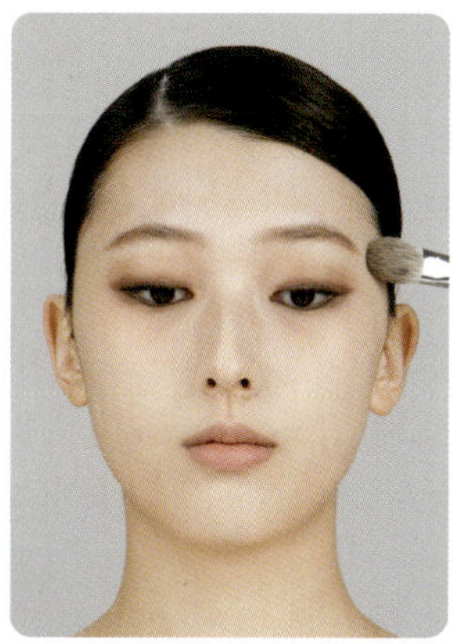

12

C존에 하이라이터를 가볍게 터치해 얼굴에 생기를 더하고, 윤곽을 강조한다.

13

턱선과 페이스라인을 따라 자연스럽게 셰이딩을 넣어 얼굴 윤곽을 정리한다.

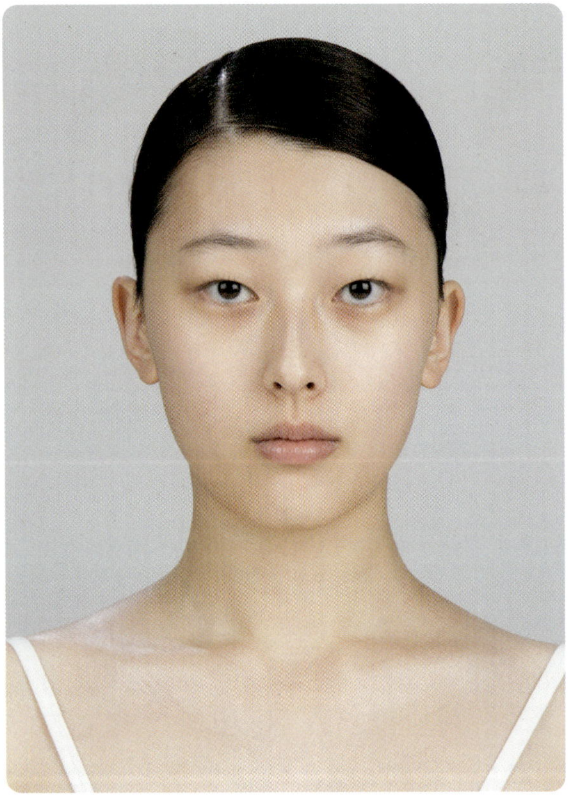

Before

After

Makeup Commentary

그라데이션 아이섀도(Gradation Eyeshadow) 기법을 활용해 자연스러운 음영을 더한 브라운 라인 스모키 메이크업(Brown Line Smoky Makeup)을 연출한다. 부드럽게 퍼지는 그라데이션(Gradation)이 눈매를 깊고 또렷하게 만들어주며, 세련되고 도시적인 분위기를 강조한다. 전체적인 컬러는 브라운(Brown)으로 통일해 조화로운 느낌을 살렸고, 립 컬러(Lip Color)는 코랄 브라운(Coral Brown)을 선택해 은은한 생기를 더하면서도 차분한 무드(Mood)를 유지한다. 또한 얼굴 윤곽을 자연스럽게 정리하는 셰이딩(Shading)과 하이라이터(Highlighter)를 활용해 입체감을 살려 보다 균형 잡힌 메이크업으로 완성한다.

2 매거진 메이크업 - 아이 홀(Magazine Makeup - Eye Hole)

사용제품

1. 입생로랑 꾸뛰르 미니 클러치 400 바빌론 로즈
2. 키스미 히로인메이크 스무스 리퀴드 아이라이너 딥블랙
3. 나스 퓨어 럭셔리 라이트 리플렉팅 치크&아이 팔레트
4. 디올 포에버 글로우 맥시마이저 펄리
5. 지방시뷰티 르 루즈 쉬어 벨벳 10
6. 톰포드 뷰티 립 컬러 16 스칼렛 루즈

01

화이트 펄 섀도를 눈 전체에 넓게 펴 발라 눈가를 환하게 정돈한다.

02

눈 밑 언더라인에도 동일한 섀도를 가볍게 터치해 은은한 광택을 더하며, 밝고 또렷한 눈매를 연출한다.

03

펄이 있는 로즈 골드 컬러를 눈 바깥쪽 홀에 블렌딩하여 자연스럽게 음영을 넣고, 부드러운 그라데이션을 형성한다.

04

눈 안쪽 아이 홀 부분에도 동일한 컬러로 음영을 넣어 자연스럽게 그라데이션한다.

05

브론즈 컬러를 사용해 눈매에 깊이 감을 더하고 자연스럽게 이어지도록 블렌딩한다.

06

언더라인에도 브론즈 컬러를 블렌딩하여 부드럽고 자연스러운 음영을 연출한다.

07

리퀴드 아이라이너를 사용해 선명하고 직선 느낌의 아이라인을 그려 눈매를 더욱 또렷하게 연출한다.

08

노즈 셰이딩을 활용해 자연스럽게 섀도와 연결하고 콧대를 더욱 입체적으로 연출한다.

09

아이 홀 안쪽 눈두덩이에 하이라이터를 발라 환하고 입체적인 눈매를 완성한다.

10

속눈썹을 붙여 더욱 또렷한 아이 메이크업을 완성한다.

11

광대에서 사선 방향으로 딥한 핑크 컬러의 블러셔를 발라 자연스럽게 혈색을 살리고 생기 있는 분위기를 연출한다.

12

C존에 하이라이터를 발라 얼굴에 생기와 윤기를 더하며 입체적인 광채를 표현한다.

13

톤 다운된 핑크 립을 그라데이션한 후, 입술 안쪽에 더 진한 레드 컬러를 추가해 깊이 감을 살린다.

14

셰이딩을 사용해 얼굴 윤곽을 정리하고 자연스러운 입체감을 부각시킨다.

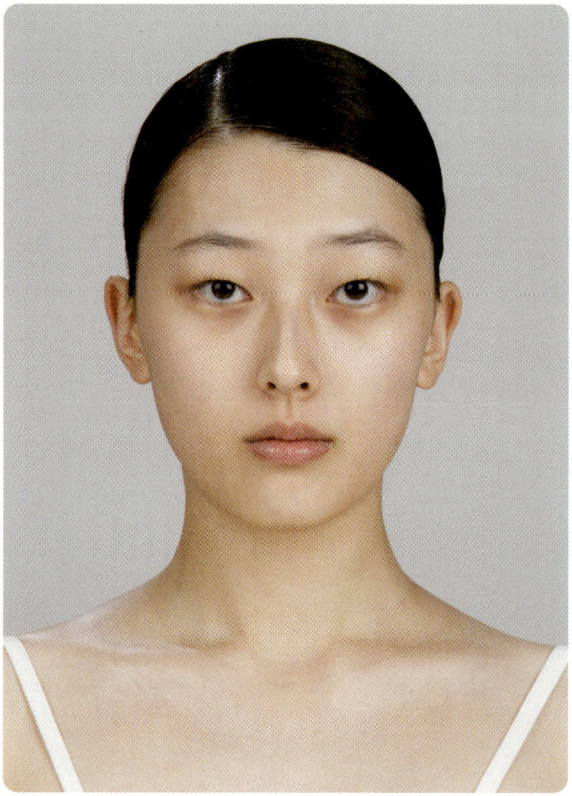

Before

After

Makeup Commentary

로즈 골드 컬러(Rose Gold Color)를 활용한 아이 홀 메이크업(Eye Hole Makeup)으로 눈매를 자연스럽게 음영감 있게 연출하고, 깔끔한 아이라인(Eyeliner)으로 또렷한 인상을 더했다. 언더라인(Under Line)에도 은은한 브론즈 컬러(Bronze Color)를 블렌딩(Blending)하여 전체적인 조화로움을 살렸으며, 속눈썹(Eyelash)을 사용해 눈매를 강조한다.

베이스 메이크업(Base Makeup)은 소프트 글로우 피니시(Soft Glow Finish)로 마무리해 은은한 윤기를 더하고, 자연스러운 혈색을 연출하기 위해 딥한 핑크빛 블러셔(Deep Pink Blusher)를 광대 부분에 사선으로 넓게 발라 주어 입체감과 생기를 더해주고 펄 하이라이터를 사용해 얼굴에 광택이 C존 부분에 돋보이게 연출한다.

립 컬러는 핑크를 선택해 생기를 부여하면서도 로맨틱라고 여성스러운 무드(Mood)의 메이크업으로 완성한다.

③ 매거진 메이크업 - 아이 홀 라인 강조 패턴 (Magazine Makeup - Eye Hole Line Emphasis Pattern)

사용제품

1. 톰포드 아이 컬러 쿼드 아이섀도 팔레트 04 허니문
2. 페리페라 스피디 스키니 브로우 마스카라 04 애쉬브라운
3. 미쯔요시 HD 프로페셔널 메이크업 아이라이너펜슬 블랙
4. 시세이도 아이래쉬 컬러 프로 뷰러
5. 라카 벌키 매트 립스틱 베베아몬드
6. 맥 립글라스 오베이비
7. 팻 맥그라스 랩스 마더쉽 XI 선릿 세덕션 아이섀도 팔레트

01
샴페인 골드 컬러의 아이섀도를 아이 홀 위에 부드럽게 펴 발라 은은한 음영을 연출한다.

02
브론즈 골드 컬러의 아이섀도를 더해 자연스럽게 블렌딩하며 깊이감을 더한다.

03
포인트 브러시를 사용하여 아이 홀 라인을 정리하고 선명하게 강조한다.

04
눈썹의 결을 정리하고 자연스러운 컬러로 연출하기 위해 브라운 브로우 마스카라를 사용한다.

05
블랙 아이라이너 펜슬을 사용해 속눈썹 라인을 따라 점막을 채워 또렷한 눈매를 완성한다.

06
언더라인에도 블랙 아이라이너를 그려 눈매를 더욱 깊고 선명하게 강조한다.

07

블랙 섀도를 사용해 아이라이너를 자연스럽게 블렌딩하여 스모키 메이크업을 연출한다.

08

아이 홀 라인 안쪽에 화이트 골드 펄 하이라이터를 더해 눈가에 입체감을 강조한다.

09

뷰러를 사용해 속눈썹을 컬링하여 눈매를 더욱 또렷하게 만든다.

10

마스카라를 발라 속눈썹을 한 올 한 올 강조하여 볼륨과 길이를 더한다.

11

C존(광대뼈 주변)에 하이라이터를 발라 얼굴에 생기와 윤기를 더해 화사한 피부 표현을 완성한다.

12

턱 섀딩을 활용해 페이스라인을 정리하고 얼굴형을 더욱 입체적으로 연출한다.

13

누드 브라운 컬러의 립스틱을 발라 입술선을 정리하고 자연스러운 립 메이크업을 연출한다.

14

투명 립 글로스를 덧 발라 광택감과 볼륨을 더해 촉촉한 입술을 표현한다.

15

골드 펄 글리터 섀도우를 입술 중앙에 발라 반짝이는 효과를 더하고 입체감을 강조한다.

Before

After

Makeup Commentary

아이 홀 강조 패턴 메이크업은 세련되면서도 강렬한 인상을 남기는 스타일로, 눈매의 입체감과 깊이를 극대화하며 고급스러움을 강조하는 기법이다.
골드(Gold)와 브론즈(Bronze Color) 컬러의 펄 아이섀도(Shimmer Eye shadow)를 활용해 화려하면서도 입체적인 눈매를 연출하고, 블랙 라인 스모키 메이크업(Black Line Smoky Makeup)으로 강렬한 포인트를 더했다. 은은한 빛을 머금은 펄 섀도가 눈가에 세련된 광택을 더하며, 깊이 있는 음영으로 눈의 구조를 정교하게 살려 더욱 선명한 눈매를 완성한다.
립 메이크업에도 골드 컬러를 더해 고혹적이고 글래머러스한 분위기의 패션 메이크업으로 완성했다.

02 CHAPTER

Fashion Show Makeup

패션쇼 메이크업(Fashion Show Makeup)은 패션쇼의 전체적인 분위기와 콘셉트를 완성하는 중요한 요소로, 단순한 화장을 넘어 하나의 예술적 표현이 된다. 컬렉션의 테마(Theme), 디자이너(Designer)의 창의적 비전 그리고 무대 연출과 조화를 이루며, 모델들의 개성을 살리면서도 의상의 메시지를 극대화하는 역할을 한다.

패션쇼 메이크업은 일반적인 '뷰티 메이크업(Beauty Makeup)'과 달리 의상이나 패션쇼의 콘셉트에 따라 과감한 컬러와 텍스처, 아방가르드(Avant-Garde)한 메이크업 표현을 통해 극적인 메시지를 전달하는 경우도 있다. 조명과 무대 효과를 고려하여 피부 표현부터 아이 메이크업, 립 컬러, 아트적인 요소까지 기획하여 트렌디하고 독창적인 스타일로 패션쇼의 콘셉트와 의상에 잘 어우러지게 표현하는 것이 중요하다.

패션쇼 메이크업에서 주의해야 할 점은 과한 표현이 의상이나 모델의 개성과 충돌하지 않도록 균형을 맞추는 것이다. 또한, 메이크업이 무대 조명과 어울릴 수 있도록 색상이나 질감의 조화를 신중하게 고려해야 한다.

1 패션쇼 메이크업 - 질감, 글로시/내추럴 이미지

사용제품

1. CNP차앤박 프로폴리스 에너지 앰플 미스트 플러스
2. 라카 와일드 브로우 셰이퍼 클리어
3. 바비브라운 롱웨어 크림 섀도우 스틱 골든브론즈
4. TOM FORD BEAUTY NEW 쏠레이 네쥐 블러시 하이라이트 듀오
5. 디어달리아 파라다이스 스파클 립 글레이즈 스프링클

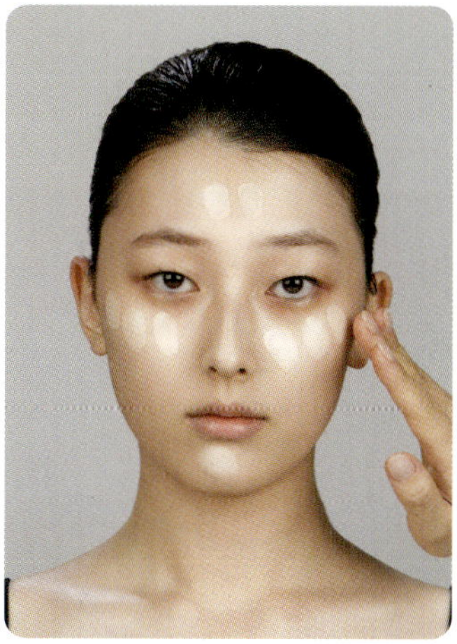

01

얼굴 중앙을 중심으로 파운데이션을 발라 피부 톤을 정돈하고, 자연스럽게 밝은 베이스를 연출한다.

02

미스트를 사용해 촉촉한 피부 표현을 연출하고, 은은한 광채를 더해 건강한 윤기를 부여한다.

03

투명 마스카라를 활용해 눈썹 결을 살려 자연스럽고 깔끔하게 정리한다.

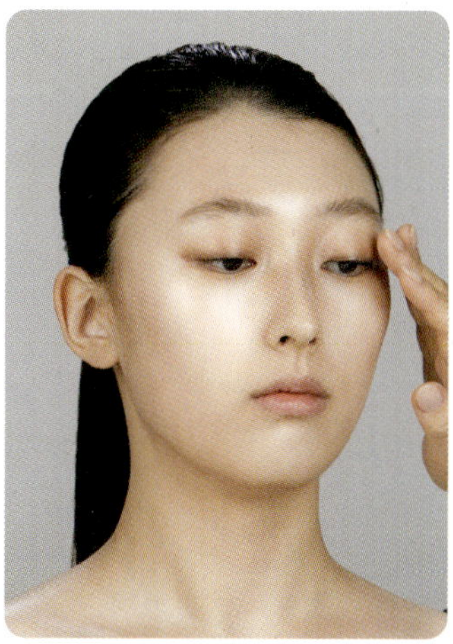

04

브론즈 컬러의 크림 아이섀도를 손으로 눈두덩이에 부드럽게 펴 발라 자연스러운 컬러감과 음영을 더한다.

05

언더라인에도 동일한 크림 아이섀도를 가볍게 터치해 음영을 더한다.

06

속눈썹에 투명 마스카라를 발라 자연스럽게 컬링해준다.

07

투명 글로스 를 손끝으로 가볍게 펴 발라 뭉침 없이 촉촉한 아이 메이크업을 완성한다.

08

레드 컬러의 크림 블러셔를 광대에 부드럽게 펴 발라 자연스러운 혈색을 연출한다.

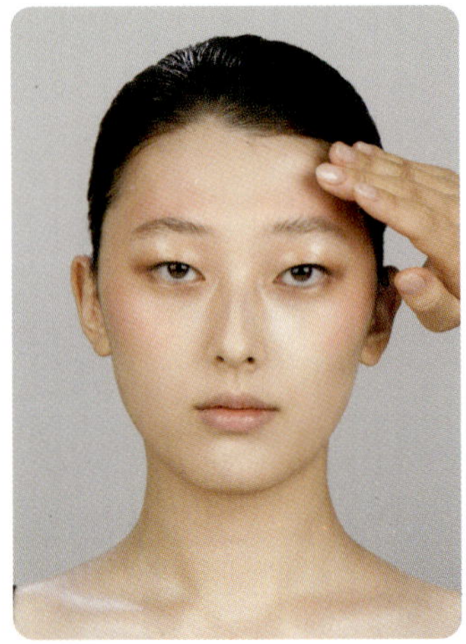

09

블러셔를 이마까지 그라데이션하여 부드럽게 연결해 한층 내추럴하고 생기 있는 메이크업으로 연출한다.

10

C존(광대뼈 주변)에 크림 타입 하이라이터를 사용해 블러셔와 자연스럽게 그라데이션해준다.

11

이마 중앙에 크림 타입의 하이라이터를 터치해 광택을 주어 입체적인 느낌을 연출한다.

12

콧대에도 하이라이터를 추가하여 얼굴 윤곽을 더욱 또렷하게 강조한다.

13

립에 투명 립 글로스를 발라 촉촉하고 볼륨감 있는 입술을 완성한다.

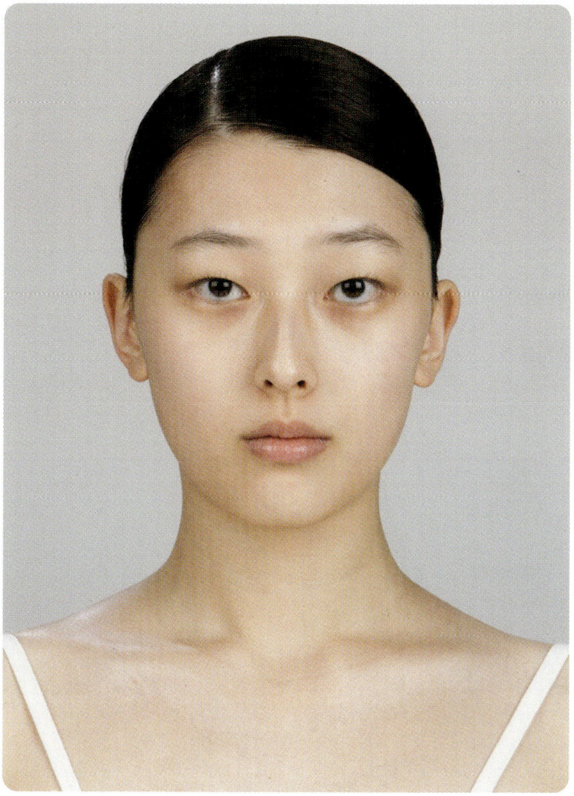

Before

After

Makeup Commentary

피부 본연의 느낌을 살린 투명하고 얇은 베이스 메이크업을 바탕으로, 광택 미스트(Mist)를 활용해 글로시(Glossy)한 피부 표현을 연출했다. 또한 면을 활용한 기법으로 자연스럽고 생기 있는 메이크업을 완성한다. 레드 크림 블러셔(Red Blusher)와 글로시한 질감을 살려주는 크림 타입 하이라이터(Highlighter)를 사용해 은은한 생기와 물광 효과를 자연스럽게 표현한다. 파우더 사용을 최소화하고, 아이브로우나 아이라인처럼 강한 선을 강조하는 요소를 배제했으며, 사용 도구와 제품 역시 최소화해 미니멀(Minimal)한 무드를 연출한다. 마지막으로, 화이트와 레드 컬러의 라인스톤(Rhinestone)을 포인트로 더해 반짝이는 요소를 가미함으로써 내추럴(Natural)하면서도 투명한 분위기의 메이크업을 완성한다.

2 패션쇼 메이크업 - 선/모던시크 이미지

사용제품

1. 토니모리 백젤 아이라이너 롱 브러시 블랙
2. 더샘 샘물 세럼 립글로스 WH01 투명 코팅
3. 미샤 모던 섀도우 116 코드블랙
4. MR 파라다이스 메이크업 글리터 블랙
5. 슈에무라 하드 포뮬라 아이브로우 펜슬 월넛브라운
6. 에뛰드 NEW 드로잉 아이즈 컬러링 브라우카라 4호 라이트 브라운
7. 맥 맥시멀 실키 매트 립스틱, 캐비아
8. 코드글로컬러 오일컷 팩트

01

선명하고 깔끔한 라인을 연출하기 위해 먼저 라인 테이프를 붙인 후, 블랙 아이 펜슬을 사용해 아웃라인을 정교하게 그린다.

02

눈 앞쪽까지 라인을 연결하여 양쪽의 전체적인 균형을 맞춘다.

03

블랙 섀도를 사용해 아이라인 안쪽을 채워 강렬한 아이 메이크업을 연출한다.

04

컨실러를 사용해 라인을 정리하고 깔끔한 형태를 만든다.

05

포인트 브러시로 라인 경계를 정교하게 다듬어 선명한 효과를 주면서 전체적인 아이라인의 형태를 완성한다.

06

블랙 젤 라이너를 덧발라 아이라인을 더욱 또렷하고 정교하게 만들고, 지속력을 높여 세밀한 디테일을 살린다.

07

눈두덩이에 투명 글로스를 손끝이나 브러시를 이용해 가볍게 펴 발라 촉촉한 질감을 만들어 준다.

08

블랙 펄 글리터를 눈두덩이에 얹어 깊이 감을 더하고, 반짝이는 텍스처를 강조한다.

09

라인 테이프를 제거하여 깔끔한 아이라인을 완성한다.

10

컨실러를 사용해 눈 밑을 정리하여 매끄럽고 깨끗한 마무리를 한다.

11

브로우 마스카라를 활용해 눈썹 컬러를 조정하고, 결을 따라 자연스럽게 정리한다.

12

브로우 펜슬을 사용해 빈 곳을 채우고, 한올 한 올 자연스럽게 그려 아이브로우 메이크업을 완성한다.

13

셰이딩을 활용해 광대뼈에서 안쪽방향으로 블렌딩하여 얼굴 윤곽을 정리하고, 더욱 입체적인 효과를 연출한다.

14

퍼프를 이용해 입술에 컨실러를 얇게 펴 발라 본연의 입술 색을 눌러주고 전체적인 음영을 조절한다.

15

입술 안쪽에만 블랙 립 컬러를 가볍게 터치하듯 발라 그라데이션 효과를 연출한다.

16

노세범 파우더를 얼굴 전체에 가볍게 터치하여 유분을 조절하고, 보송하고 매트한 피부표현을 완성한다.

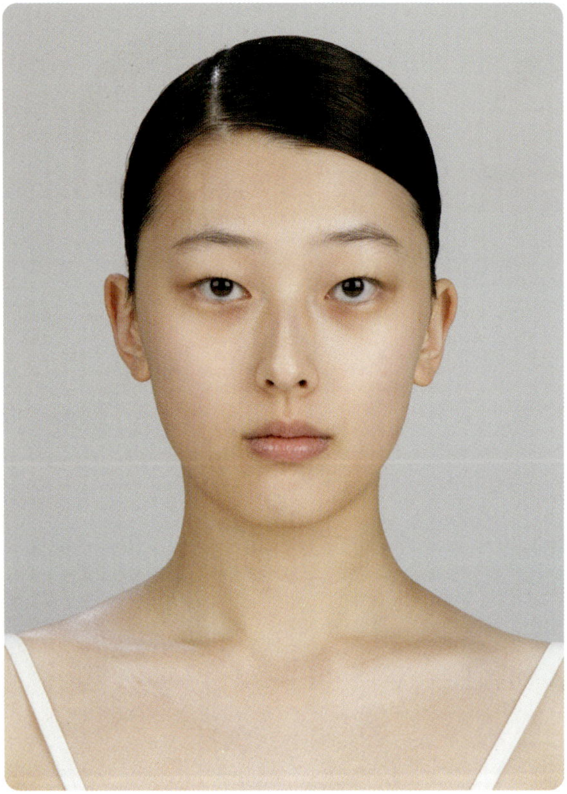

Before

After

Makeup Commentary

매트한 피부 표현을 바탕으로 블랙 컬러의 볼드하고 구조적인 아이라인과 누드 컬러 립 조합으로 모던하고 시크한 분위기의 패션 메이크업을 완성했다. 특히 립은 안쪽에만 블랙 컬러를 더해 강렬하면서도 미니멀(Minimal)한 감각을 강조한다.

메이크업에는 블랙 단일 컬러만 사용했지만 매트한 베이스 위에 대비되는 이질적이면서도 미래적인 느낌을 살리고자 아이 메이크업(Eye Makeup)에 다양한 제품과 텍스처를 활용한다. 여러 텍스처가 겹쳐 쌓이며 독창적인 분위기를 연출하고, 강렬한 선을 강조해 그래픽적인 요소를 더한다.

선을 활용한 메이크업에서는 라인 테이프(Line Tape)를 사용하면 보다 정교하고 깨끗한 라인을 연출할 수 있어 강렬한 느낌의 라인 메이크업을 더욱 완성도 높게 표현할 수 있다.

3 패션쇼 메이크업 - 오브제/아방가르드 이미지

사용제품
1. 퓌 립앤치크 블러리 푸딩팟 리릭스
2. KRYOLAN HD 크림 라이너 에보니
3. KRYOLAN HD 크림 라이너 스파클링 실버
4. 비디보브 블링 글리터 리퀴드 아이섀도 03실버 더스트

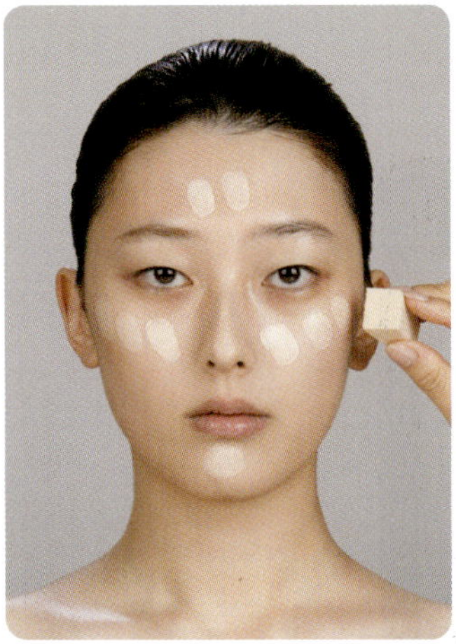

01

퍼프를 사용해 파운데이션을 고르게 펴 발라 피부 톤을 균일하게 정리하고, 입체감 있고 매끈한 베이스를 완성한다.

02

스크류 브러시에 컨실러를 묻혀 눈썹을 부드럽게 지워 자연스럽게 정리한다.

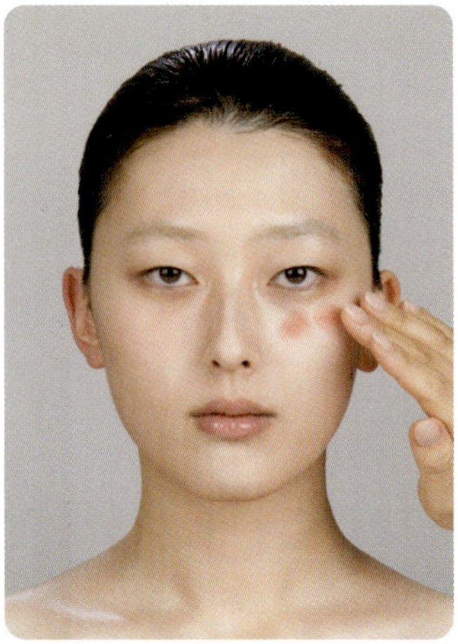

03

크림 블러셔를 손끝이나 스펀지를 사용해 눈 밑에 가볍게 터치하여 자연스러운 혈색을 더한다.

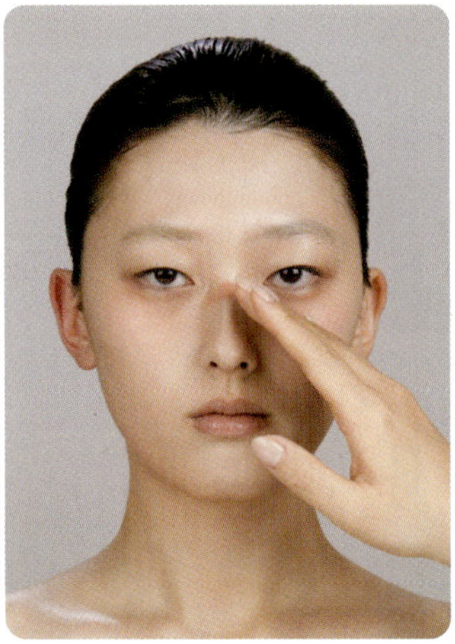

04

블러셔를 코까지 연결하여 자연스럽게 그라데이션을 형성하고, 전체적으로 조화로운 톤을 유지한다.

05

노즈 셰이딩을 활용해 아이 홀 라인을 강조하고, 자연스럽게 음영을 더해 눈매에 깊이감과 입체감을 부여한다.

06

광대 부분에 셰이딩을 넣어 얼굴 윤곽을 정리하고, 더욱 입체적인 효과를 강조한다.

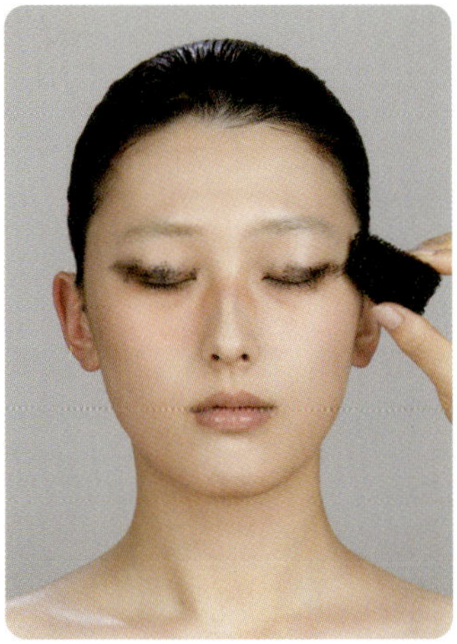

07

스티플 스펀지에 블랙 라이닝 컬러를 묻혀 가볍게 두드리듯 터치하여 거칠고 번진 듯한 텍스처를 연출한다.

08

블랙 컬러를 눈 앞머리까지 자연스럽게 연결하여 강렬한 분위기를 연출한다.

09

언더라인에 블랙 펜슬을 사용해 부드럽게 스머징하여 자연스럽게 번진 느낌을 연출한다.

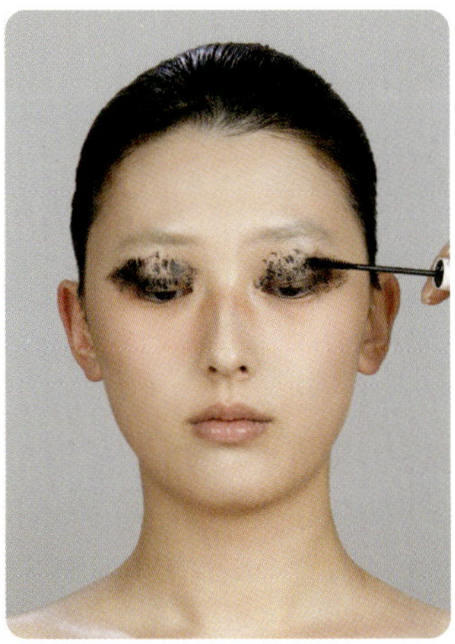

10

블랙 마스카라를 거칠게 터치해 일부러 뭉친 듯한 텍스처를 강조하고, 번진 효과를 극대화한다.

11

콧등과 눈 앞머리에 실버 컬러를 터치하여 얼굴에 입체감을 강조한다.

12

콧등에서 눈 밑 언더라인까지 실버 컬러를 연결해준다.

13
콧등 중앙에 리퀴드 타입의 실버 글리터를 소량 터치하여 반짝이는 포인트를 추가하고, 입체감을 강조한다.

14
실버 립 컬러를 입술 전체에 고르게 펴 발라 미래적이고 강렬한 분위기를 연출한다.

15
스톤 피커(Stone Picker)를 사용해 얼굴 곳곳에 블랙 큐빅을 부착하여 아방가르드 메이크업을 완성한다.

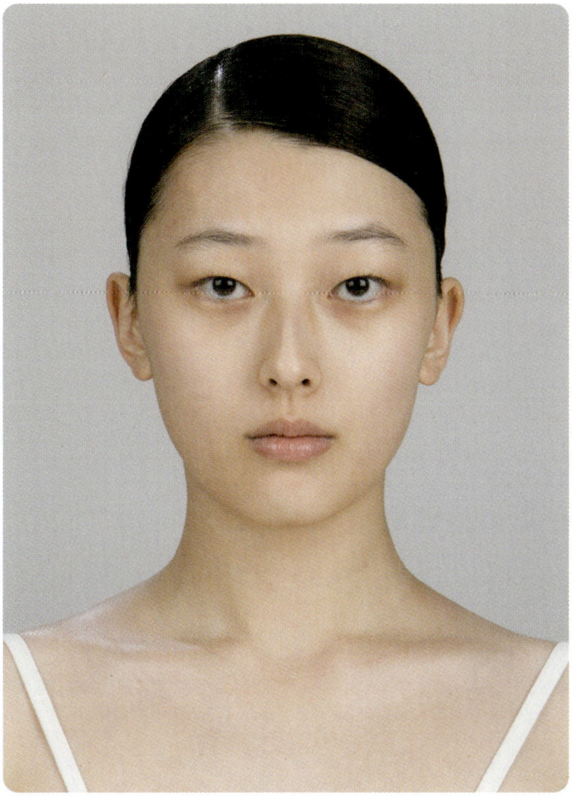

Before

After

Makeup Commentary

패션쇼 메이크업에서는 재료와 표현 방식에 대한 고정 관념을 깨고, 새로운 시도를 통해 독창적인 스타일을 만들어내는 것이 중요하다.

이번 메이크업에서는 긁힌 상처나 찍는 수염을 표현하는데 분장용으로 주로 사용되는 스티플 스펀지(Stipple Sponge)를 패션 메이크업에 접목하여 거칠고 텍스처가 살아 있는 독창적인 표현을 완성했다. 이를 통해 유니크(Unique)한 질감을 연출하고, 마스카라 텍스처(Texture)를 활용해 번지거나 뭉친듯한 효과로 강렬한 아이섀도 패턴(Eyeshadow Pattern)을 만들었다. 여기에 실버 컬러(Silver Color)를 더해 미래적인 감각을 강조한다.

또한 블랙 스톤(Black Stone)을 활용해 불규칙한 점을 배치하고, 정형화되지 않은 과감한 터치로 아방가르드 메이크업(Avant-Garde Makeup) 을 완성했다. 기존의 틀을 깨고, 예상치 못한 재료를 활용하는 실험적인 접근이 이번 메이크업의 핵심이다.

Photo shoot Checklist

- ☑ 메이크업 콘셉트가 패션과 조화를 이루는가?
- ☑ 트렌드 분석을 통해 창의적인 요소를 반영했는가?
- ☑ 시안과 페이스 차트를 통해 시각적으로 구체화했는가?
- ☑ 촬영 환경(조명, 배경, 의상)에 맞춰 메이크업을 조정했는가?
- ☑ 모델별 특성을 고려하여 메이크업 디자인을 적용했는가?
- ☑ 현장에서 즉각적인 수정과 보안이 가능하도록 준비했는가?

Fashion Magazine Fashion Show Makeup

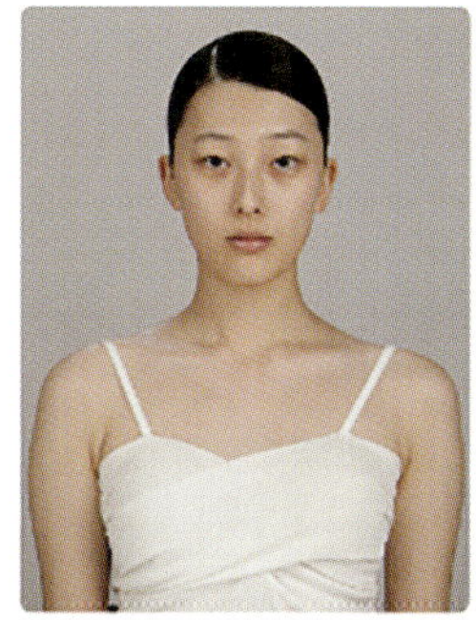

MAGAZINE

그라데이션
(Gradation)

아이 홀
(Eye Hole)

아이 홀 라인 강조
(Eye Hole Line Emphasis)

FASHION SHOW

질감 글로시/내추럴 이미지

선/모던 시크 이미지

오브제/아방가르드 이미지

부록

K BEAUTY

MAKEUP

BASIC

Beauty Make up

CHAPTER 01 뷰티 실용영어 회화

01 Makeup Preparation 1

A: Hi, I'm your makeup manager.
Nice to meet you.

B: Oh, I'm glad to see you too.
Am I late?

A: No, it's ok.
May I show the makeup room to you?

B: Yes, please.

A: Step this way, please.
Could you please change into this gown?

B: Sure.

A: And please remove your earrings and necklace.
Take your time. I'll be back soon.

B: Ok.Thank you.

01 Makeup Preparation 1 – 해석

A: 안녕하세요. 제가 당신의 메이크업 담당입니다.
만나서 반갑습니다.

B: 아, 만나서 반갑습니다.
제가 혹시 늦게 왔나요?

A: 아니오. 괜찮습니다.
메이크업실을 보여드리겠습니다.

B: 좋아요.

A: 이쪽입니다.
이 가운으로 갈아 입으시겠어요?

B: 네.

A: 귀걸이와 목걸이도 좀 빼 주세요.
천천히 하셔도 됩니다. 다시 돌아오겠습니다.

B: 네, 감사합니다.

02 Makeup Preparation 2

A: Before I begin the makeup, I will apply 5-minute-mask first. It will give you an instant skin radiance!

B: Wow! Only in 5 minutes?

(5 minutes later…)

A: Yes. It will energize and soothe your face immediately. It will enhance you complexion.

A: Now, let me apply this special revitalizing treatment. It will help your makeup.

B: Then I can get a radiant face! Cool! How about the dark circle under my eyes?

A: Oh, don't worry about it. I will apply special eye masks.

B: How kind you are!

02 Makeup Preparation 2 – 해석

A: 메이크업을 시작하기 전에 먼저 5분 간 피부 마스크 팩을 해드릴게요. 피부가 바로 촉촉해지고 빛나게 될 거예요.

B: 와! 5분 만에요?

A: 네. 얼굴을 즉시 진정시키고 피부에 활기를 줍니다. 안색을 더 좋게 해줄거예요.

(5분 뒤……)

A: 이제 이 특별한 리바이탈라이징 트리트먼트를 해드릴게요. 메이크업이 잘 될거예요.

B: 그럼 빛나는 피부를 갖게 되겠네요. 멋져요. 눈밑의 다크서클은 어쩌죠?

A: 오, 걱정 마세요. 특별한 아이마스크를 해 드릴게요.

B: 정말 친절하시네요.

03 Makeup Process 1

A: Wow, what a beautiful dress! Let me apply you a special makeup just like your fantastic dress.

B: I appreciate that.

A: You put on your makeup already, then I will just touch it up a little.

B: Thanks.

A: Let me just fix your eyebrow.

B: Thanks, and please, make my eyes {sparkle/ stand out}.

A: Ok. Now, please just sit still while I make you up.

B: Yes.

A: Please, close your eyes.

B: Ah, yes!

A: Please, stretch your mouth as wide as you can.

B: Like this?

A: Good!

03 Makeup Process 1 – 해석

A: 와! 정말 아름다운 드레스네요.
제가 이 환상적인 드레스에 딱 어울리는 특별한 메이크업을 해드릴게요.

B: 감사합니다.

A: 벌써 메이크업을 약간 하고 오셨군요, 제가 조금만 터치해 드릴게요.

B: 감사합니다.

A: 눈썹을 좀 수정해 드릴게요.

B: 네, 감사해요. 그리고 눈도 빛나게(돋보이게) 해주세요.

A: 알겠습니다. 이제 제가 메이크업을 하는 동안 편안하게 가만히 앉아 계시면 됩니다.

B: 네.

A: 눈 감아 주세요.

B: 아, 네.

A: 입을 가능한 최대로 벌려주세요.

B: 이렇게요?

A: 좋습니다.

04 Makeup Process 2

B: How long does it take?

A: Hmm, it won't take much. About 40 minutes? Are you okay with that?

B: Sure. It can't be better.

A: Sounds good! Turn you head to the left, please. I'm going to apply beautiful coral cheek colorhere.

A: Look down, please.

B: (She moves her neck)

A: Put up your head, please.

A: I'm going to curl your eyelashes. If it hurts, then just tell me. Look at the bottom.

B: Sure.

A: Don't blink your eyes, please.

B: Did I? I didn't notice that. I will keep my eyes still.

04 Makeup Process 2 – 해석

B: 얼마나 걸릴까요?

A: 음.. 그리 오래 걸리지는 않을 거예요. 약 40분? 괜찮으신가요?

B: 그럼요. 더할 나위 없이 좋아요.

A: 좋습니다! 머리를 왼쪽으로 돌려주세요.
여기에 예쁜 산호색 블러셔를 할거예요.

A: 아래를 쳐다보세요.

B: (목을 움직인다)

A: 머리를 들어주세요.

A: 속눈썹을 올릴 거예요. 아프면 말씀하세요.
아래로 보세요.

B: 네.

A: 눈을 깜빡이지 말아주세요.

A: 제가 그랬나요? 몰랐어요.
가만히 있도록 할게요.

05 Makeup Style Description 1

A: Which color do you prefer for your lips, nude, red, pink?

B: Which color looks better on me? Do you think red suits me best?

A: You had better apply more neutral color, or even plain simple gloss would be better to make your own lips stand out. This shimmering mauve color matches your sophisticated look very well. It looks terrific on you!

B: Thank you! Also, I want much brighter skin tone.

A: If you are tanned, make sure foundation color to match your changed skin tone.

B: Oh, yes?

A: Yes, in the summer, foundation should match the complexion of your chest and arms.

B: I see.

05 Makeup Style Description 1 – 해석

A: 입술은 어떤 색으로 할까요? 누드, 레드, 핑크?

B: 어느 색이 저에게 더 어울려요? 빨간색이 더 잘 어울리나요?

A: 손님은 좀 더 중간색이나 아니면 투명 립글로스를 발라서 자신의 입술이 돋보이도록 바르는 게 좋을 것 같아요. 이 반짝이는 엷은 자주색이 당신의 세련된 느낌과 잘 어울려요. 정말 멋지네요.

B: 감사해요. 그리고 저는 얼굴색을 더 밝게 하고 싶어요.

A: 만약 태닝을 하셨다면, 파운데이션을 바뀐 피부색에 맞춰야 해요.

B: 오, 그래요?

A: 네, 여름엔 파운데이션을 가슴과 팔 색에 맞춰야 하죠.

B: 그렇군요.

06 Makeup Style Description 2

A: We are finished. I created as heerand charm look.

B: Oh, my! How could you make my face flawless like this?

A: I just concealed your several flaws first, and then I applied a tinted moisturizer to get a sheer, clean and fresh look.

B: I got it. Fantastic! If you recommend a tinted moisturizer for me, what would it be?

A: You had better create it yourself with a blend of moisturizer and a touch of foundation as it goes with your skin tones.

06 Makeup Style Description 2 – 해석

A: 다 됐어요. 투명하고 매력적인 룩을 표현했어요.

B: 오, 이런! 어떻게 제 얼굴을 이렇게 결점없이 만들었죠?

A: 잡티 먼저 가린 후, 가볍고 깨끗하며 생기있게 보이도록 틴티드 모이스처 라이저를 썼어요.

B: 그렇군요, 멋져요! 만약 저를 위해 틴티드 모이스처 라이저를 추천한다면 어떤 게 좋을까요?

A: 모이스처 라이저와 자신의 피부에 잘 어울리는 약간의 파운데이션을 섞어서 자신이 만드는 것이 좋아요.

고객 상담 차트

MAKE-UP CUSTOMER CHART

INFORMATION

(예시)

고객명: 이00 (남 / 여)	연락처: 010-0000-0000
생년월일: 980124 (만 27 세)	거주지: 노원

방문경로: ☐ 인스타 ☐ 블로그 ☐ 지인 추천 ☐ 워 킹 ☐ 인터넷 검색 ☑ 기타 손님으로 방문 후 수강

CHECK

원하시는 날짜	0000 년 00 월 00일
원하시는 시간	AM 00:00 / FM 00:00
방문하시는 목적	☑ 면접 ☐ 프로필 ☐ 웨딩 ☐ 행사.모임 ☐ 기타 아나운서 이미지처럼 촬영 하고 싶어요.
원하시는 이미지	☑ 동안 ☐ 내추럴 ☐ 로맨틱 ☐ 모던.시크 ☐ 액티브 ☐ 기타
원하시는 베이스 타입	☐ 보송 ☑ 글로시 ☐ T존만 보송 ☐ 기타
원하시는 피부컬러	☐ 라이트(13~19호) ☑내추럴하지만 중간 피부컬러(21~22호) ☐ 건강하고 어두운(23~28호) ☐ 기타
평상시 메이크업하는 스타일	☑ 베이스만 한다. ☐ 풀메이크업 한다. ☐ 베이스+눈썹만 한다. ☐ 전혀 않한다. ☐ 기타

FACE

☑ 긴얼굴형 ☐ 계란형 ☐ 둥근형 ☐ 각진형 ☐ 마름모형

Hair 기장 - 어깨기장 단발.

헤어컬러 - 네추럴 브라운

Eye

눈동자 네추럴 브라운 컬러라
브라운 아이라이너에 음영은 거의 중간 컬러만 사용

Eyelash 속눈썹이 잘쳐져서 항상 뷰러로 바짝 찝어요.

속눈썹이 얇아서 화이버가 얇은 마스카라사용
(에이오유올데이마스카라 블랙)

Brow 눈썹이 억센편이라 자주 뽑는편.

자연스러운 아치형 선호.

Foundation

21호 사용

Shading

화면에 중안부가 길어보여서 코끝을 좀더 치는편이고
쉐딩은 헤어라인 꼭 채우고 턱라인 일반적으로 하는편

Cheek

쿨톤 핑크 (크리니크- 발레리나팝)

Lip

로즈 쿨톤 립 (맥파우더- 988어리틀템드)

프로필 촬영을 위해 방문한 고객님
내추럴한걸 원하시고
피부타입은 글로시 하면서 자연스러운것을 좋아하는 고객님
프로필촬영은 보송하면서 자연스러우면서 눈매를 또렷하게 연출해야
깨끗하면서 이목구비 뚜렷하게 연출한다.
요청사항이나 특이사항으로
고객님은 글로시한 피부표현을 원하셨지만 프로필 촬영은 글로시하면 피부가
지저분하게 표현이 됨으로 보송하게 연출하는 것으로 추천한다.

건성(Dry) ○—○—○—○—○ 지성(Oliy)

색소성 (Plgmented) ○—○—○—○—○ 비색소 (Non-pigmented)

주름(Wrinkled) ○—○—○—○—○ 탄력 (Tight)

요청사항이나 특이사항이 있으시면 작성해주세요

자연스러운 피부표현 원해요. 제가 베이스를 하면 뜨거나 금방 지워져요. 메이크업후 수정방법 궁금해요.
그리고 추천제품이 있다면 알려주세요.

상담 후 추천제품 - ○○○,○○,○○○○

MAKE-UP CUSTOMER CHART

INFORMATION

(예시)

고객명: 이00	(남 / 여)	연락처: 010-0000-0000
생년월일: 980124	(만 27 세)	거주지: 노원

방문경로: ☐ 인스타 ☐ 블로그 ☐ 지인 추천 ☐ 인터넷 검색 ☑ 기타

CHECK

원하시는 날짜	0000 년 00 월 00일
원하시는 시간	AM 00:00 / FM 00:00
방문하시는 목적	☑ 면접 ☐ 프로필 촬영 ☐ 웨딩 ☐ 행사.모임 ☐ 기타 아나운서 이미지처럼 촬영 하고 싶어요.
원하시는 이미지	☐ 동안 ☐ 내추럴 ☐ 로맨틱 ☐ 모던.시크 ☐ 클래식 ☐ 기타
원하시는 베이스 타입	☐ 표준 ☐ 보송 ☐ 글로시 ☐ T존만 밝게 ☐ 기타
원하시는 피부컬러	☐ 라이트(13~19호) ☐내추럴하지만 중간 피부컬러(21~22호) ☐ 건강하고 어두운(23~28호) ☐ 기타
평상시 메이크업하는 스타일	☐ 베이스만 한다. ☐ 풀 메이크업 한다. ☐ 베이스+눈썹만 한다. ☐ 전혀 안한다. ☐ 기타

FACE

☐ 긴얼굴형 ☐ 계란형 ☐ 둥근형 ☐ 각진형 ☐ 역삼각형

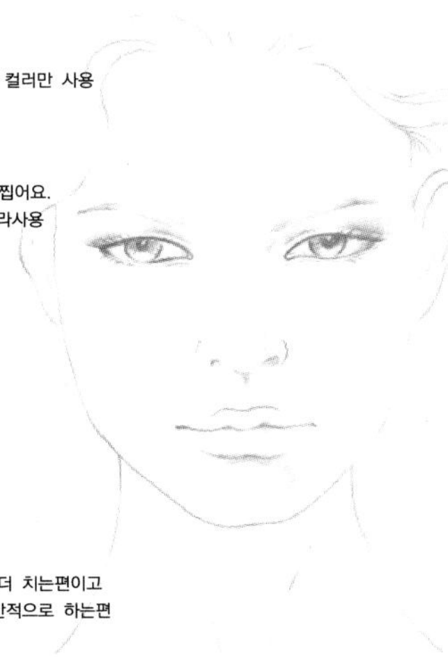

Eye

눈동자 네추럴 브라운 컬러라
브라운 아이라이너에 음영은 거의 중간 컬러만 사용

Eyelash

_속눈썹이 잘쳐져서 항상 뷰러로 바짝 찝어요.
속눈썹이 얇아서 화이버가 얇은 마스카라사용
(에이오유올데이마스카라 블랙)

Brow

눈썹이 억센편이라 자주 뽑는편.
자연스러운 아치형 선호.

Foundation

21호 사용

Shading

화면에 중안부가 길어보여서 코끝을 좀더 치는편이고
쉐딩은 헤어라인 꼭 채우고 턱라인 일반적으로 하는편

Cheek

쿨톤 핑크 (크리니크- 발레리나팝)

Lip

로즈 쿨톤 립 (맥파우더- 988어리틀템드)

Hair

길이 - 어깨길이 단발,
헤어컬러 - 네추럴 브라운

Fashion style

건성(Dry) ○—○—○—○—○ 지성(Oily)

색소성 (Plgmented) ○—○—○—○—○ 비색소 (Non-pigmented)

주름(Wrinkled) ○—○—○—○—○ 탄력 (Tight)

MAKE-UP CUSTOMER CHART

INFORMATION

(예시)

고객명: 이00	(남 / 여)	연락처: 010-0000-0000
생년월일: 980124	(만 27 세)	거주지: 노원

방문경로: ☐ 인스타 ☐ 블로그 ☐ 지인 추천 ☐ 인터넷 검색 ☑ 기타

CHECK

원하시는 날짜	0000 년 00 월 00일
원하시는 시간	AM 00:00 / FM 00:00
방문하시는 목적	☑ 면접 ☐ 프로필 촬영 ☐ 웨딩 ☐ 행사.모임 ☐ 기타 아나운서 이미지처럼 촬영 하고 싶어요.
원하시는 이미지	☐ 동안 ☐ 내추럴 ☐ 로맨틱 ☐ 모던.시크 ☐ 클래식 ☐ 기타
원하시는 베이스 타입	☐ 표준 ☐ 보송 ☐ 글로시 ☐ T존만 밝게 ☐ 기타
원하시는 피부컬러	☐ 라이트(13~19호) ☐내추럴하지만 중간 피부컬러(21~22호) ☐ 건강하고 어두운(23~28호) ☐ 기타
평상시 메이크업하는 스타일	☐ 베이스만 한다. ☐ 풀 메이크업 한다. ☐ 베이스+눈썹만 한다. ☐ 전혀 안한다. ☐ 기타

FACE

☐ 긴얼굴형 ☐ 계란형 ☐ 둥근형 ☐ 각진형 ☐ 역삼각형

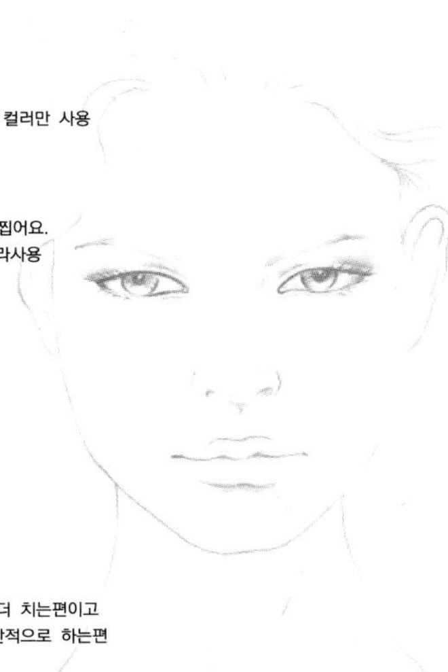

Eye

눈동자 네추럴 브라운 컬러라
브라운 아이라이너에 음영은 거의 중간 컬러만 사용

Eyelash

_속눈썹이 잘쳐져서 항상 뷰러로 바짝 찝어요.
속눈썹이 얇아서 화이버가 얇은 마스카라사용
(에이오유올데이마스카라 블랙)

Brow

눈썹이 억센편이라 자주 뽑는편.
자연스러운 아치형 선호.

Foundation

21호 사용

Shading

화면에 중안부가 길어보여서 코끝을 좀더 치는편이고
쉐딩은 헤어라인 꼭 채우고 턱라인 일반적으로 하는편

Cheek

쿨톤 핑크 (크리니크- 발레리나팝)

Lip

로즈 쿨톤 립 (맥파우더- 988어리틀템드)

Hair

길이 - 어깨길이 단발,
헤어컬러 - 네추럴 브라운

Fashion style

건성(Dry) ○—○—○—○—○ 지성(Oily)

색소성 (Plgmented) ○—○—○—○—○ 비색소 (Non-pigmented)

주름(Wrinkled) ○—○—○—○—○ 탄력 (Tight)

MAKE-UP CUSTOMER CHART

INFORMATION

(예시)

고객명: 이00 (남 / 여)	연락처: 010-0000-0000
생년월일: 980124 (만 27 세)	거주지: 노원

방문경로: ☐ 인스타 ☐ 블로그 ☐ 지인 추천 ☐ 인터넷 검색 ☑ 기타

CHECK

원하시는 날짜	0000 년 00 월 00일
원하시는 시간	AM 00:00 / FM 00:00
방문하시는 목적	☑ 면접 ☐ 프로필 촬영 ☐ 웨딩 ☐ 행사.모임 ☐ 기타 아나운서 이미지처럼 촬영 하고 싶어요.
원하시는 이미지	☐ 동안 ☐ 내추럴 ☐ 로맨틱 ☐ 모던.시크 ☐ 클래식 ☐ 기타
원하시는 베이스 타입	☐ 표준 ☐ 보송 ☐ 글로시 ☐ T존만 밝게 ☐ 기타
원하시는 피부컬러	☐ 라이트(13~19호) ☐내추럴하지만 중간 피부컬러(21~22호) ☐ 건강하고 어두운(23~28호) ☐ 기타
평상시 메이크업하는 스타일	☐ 베이스만 한다. ☐ 풀 메이크업 한다. ☐ 베이스+눈썹만 한다. ☐ 전혀 안한다. ☐ 기타

FACE

☐ 긴얼굴형 ☐ 계란형 ☐ 둥근형 ☐ 각진형 ☐ 역삼각형

Eye

눈동자 네추럴 브라운 컬러라
브라운 아이라이너에 음영은 거의 중간 컬러만 사용

Eyelash

_속눈썹이 잘쳐져서 항상 뷰러로 바짝 찝어요.
속눈썹이 얇아서 화이버가 얇은 마스카라사용
(에이오유올데이마스카라 블랙)

Brow

눈썹이 억센편이라 자주 뽑는편.
자연스러운 아치형 선호.

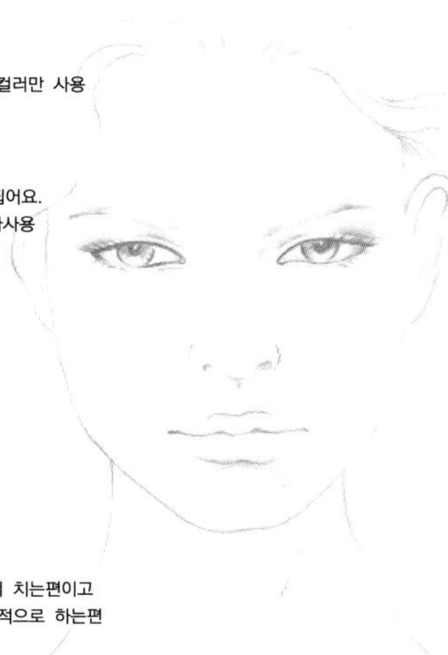

Foundation

21호 사용

Shading

화면에 중안부가 길어보여서 코끝을 좀더 치는편이고
쉐딩은 헤어라인 꼭 채우고 턱라인 일반적으로 하는편

Cheek

쿨톤 핑크 (크리니크- 발레리나팝)

Lip

로즈 쿨톤 립 (맥파우더- 988어리틀템드)

Hair

길이 - 어깨길이 단발,
헤어컬러 - 네추럴 브라운

Fashion style

건성(Dry)	○—○—○—○—○	지성(Oily)
색소성 (Plgmented)	○—○—○—○—○	비색소 (Non-pigmented)
주름(Wrinkled)	○—○—○—○—○	탄력 (Tight)

MAKE-UP CUSTOMER CHART

INFORMATION

(예시)

고객명: 이00	(남 / 여)	연락처: 010-0000-0000
생년월일: 980124	(만 27 세)	거주지: 노원

방문경로: ☐ 인스타 ☐ 블로그 ☐ 지인 추천 ☐ 인터넷 검색 ☑ 기타

CHECK

원하시는 날짜	0000 년 00 월 00일
원하시는 시간	AM 00:00 / FM 00:00
방문하시는 목적	☑ 면접 ☐ 프로필 촬영 ☐ 웨딩 ☐ 행사.모임 ☐ 기타 아나운서 이미지처럼 촬영 하고 싶어요.
원하시는 이미지	☐ 동안 ☐ 내추럴 ☐ 로맨틱 ☐ 모던.시크 ☐ 클래식 ☐ 기타
원하시는 베이스 타입	☐ 표준 ☐ 보송 ☐ 글로시 ☐ T존만 밝게 ☐ 기타
원하시는 피부컬러	☐ 라이트(13~19호) ☐내추럴하지만 중간 피부컬러(21~22호) ☐ 건강하고 어두운(23~28호) ☐ 기타
평상시 메이크업하는 스타일	☐ 베이스만 한다. ☐ 풀 메이크업 한다. ☐ 베이스+눈썹만 한다. ☐ 전혀 안한다. ☐ 기타

FACE

☐ 긴얼굴형 ☐ 계란형 ☐ 둥근형 ☐ 각진형 ☐ 역삼각형

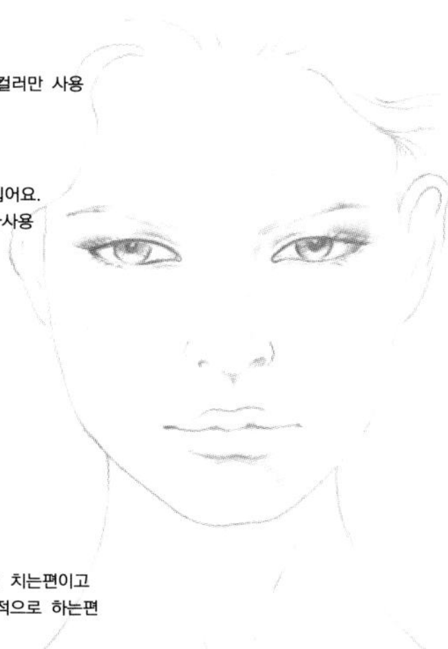

Eye

눈동자 네추럴 브라운 컬러라
브라운 아이라이너에 음영은 거의 중간 컬러만 사용

Eyelash

_속눈썹이 잘쳐져서 항상 뷰러로 바짝 찝어요.
속눈썹이 얇아서 화이버가 얇은 마스카라사용
(에이오유울데이마스카라 블랙)

Brow

눈썹이 억센편이라 자주 뽑는편.
자연스러운 아치형 선호.

Foundation

21호 사용

Shading

화면에 중안부가 길어보여서 코끝을 좀더 치는편이고
쉐딩은 헤어라인 꼭 채우고 턱라인 일반적으로 하는편

Cheek

쿨톤 핑크 (크리니크- 발레리나팝)

Lip

로즈 쿨톤 립 (맥파우더- 988어리틀템드)

Hair

길이 - 어깨길이 단발,
헤어컬러 - 네추럴 브라운

Fashion style

건성(Dry) ○—○—○—○—○ 지성(Oily)

색소성 (Plgmented) ○—○—○—○—○ 비색소 (Non-pigmented)

주름(Wrinkled) ○—○—○—○—○ 탄력 (Tight)

MAKE-UP CUSTOMER CHART

INFORMATION

(예시)

고객명: 이00	(남 / 여)	연락처: 010-0000-0000
생년월일: 980124	(만 27 세)	거주지: 노원

방문경로: ☐ 인스타 ☐ 블로그 ☐ 지인 추천 ☐ 인터넷 검색 ☑ 기타

CHECK

원하시는 날짜	0000 년 00 월 00일
원하시는 시간	AM 00:00 / FM 00:00
방문하시는 목적	☑ 면접 ☐ 프로필 촬영 ☐ 웨딩 ☐ 행사.모임 ☐ 기타 아나운서 이미지처럼 촬영 하고 싶어요.
원하시는 이미지	☐ 동안 ☐ 내추럴 ☐ 로맨틱 ☐ 모던.시크 ☐ 클래식 ☐ 기타
원하시는 베이스 타입	☐ 표준 ☐ 보송 ☐ 글로시 ☐ T존만 밝게 ☐ 기타
원하시는 피부컬러	☐ 라이트(13~19호) ☐내추럴하지만 중간 피부컬러(21~22호) ☐ 건강하고 어두운(23~28호) ☐ 기타
평상시 메이크업하는 스타일	☐ 베이스만 한다. ☐ 풀 메이크업 한다. ☐ 베이스+눈썹만 한다. ☐ 전혀 안한다. ☐ 기타

FACE

☐ 긴얼굴형 ☐ 계란형 ☐ 둥근형 ☐ 각진형 ☐ 역삼각형

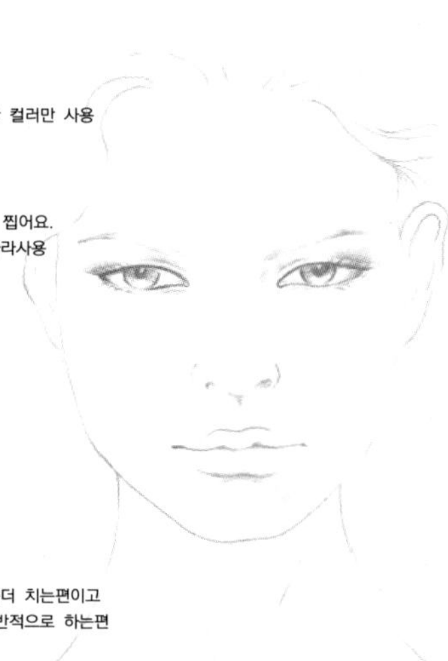

Eye

눈동자 네추럴 브라운 컬러라
브라운 아이라이너에 음영은 거의 중간 컬러만 사용

Eyelash

_속눈썹이 잘쳐져서 항상 뷰러로 바짝 찝어요.
속눈썹이 얇아서 화이버가 얇은 마스카라사용
(에이오유올데이마스카라 블랙)

Brow

눈썹이 억센편이라 자주 뽑는편.
자연스러운 아치형 선호.

Foundation

21호 사용

Shading

화면에 중안부가 길어보여서 코끝을 좀더 치는편이고
쉐딩은 헤어라인 꼭 채우고 턱라인 일반적으로 하는편

Cheek

쿨톤 핑크 (크리니크- 발레리나팝)

Lip

로즈 쿨톤 립 (맥파우더- 988어리틀템드)

Hair

길이 - 어깨길이 단발,
헤어컬러 - 네추럴 브라운

Fashion style

건성(Dry) ○—○—○—○—○ 지성(Oily)

색소성 (Plgmented) ○—○—○—○—○ 비색소 (Non-pigmented)

주름(Wrinkled) ○—○—○—○—○ 탄력 (Tight)

Beauty Make up

03 CHAPTER 패션 화보 & 패션쇼 메이크업 예시

1. 화보 메이크업 시안

- 촬영 : 패션 메이크업 화보
- 촬영내용: 메이크업교재를 위한 촬영 / 패션쇼와 매거진에 사용되는 메이크업을 각 3가지 콘셉트로 촬영.
- 메이크업 시안 작업 시 고려사항:
  매거진이나 패션쇼에서 사용하는 여러 메이크업 패턴을 분석하여 6가지 콘셉트로패션쇼나 매거진 메이크업의 특성을 이해할 수 있는 시안
- 화보 메이크업 시안 작성 과정:
  촬영내용과 목적 이해 → 자료수집 → 메이크업 구상 및 계획수립 → 메이크업 시안 작성 → 최종 미팅 → 시안확정 → 최종 메이크업 시안

패션 메이크업 화보 촬영 메이크업 시안(예)

'패션 화보' 메이크업 촬영 시안(예)

'패션 화보' 최종 메이크업 촬영 시안

최종 확정된 메이크업 시안에는 촬영에 필요한 컷 수, 메이크업 내용,재료, 소품 등을 포함하여 촬영 진행계획을 모델, 포토그래퍼, 스텝 및 관계자 등 함께하는 분들이 이해하기 쉽게 작성해 공유하는 것이 원활한 촬영 진행과 메이크업 아티스트의 신뢰도를 높일 수 있다.

2. 패션쇼 메이크업 시안

• 패션쇼 : CHOIBOKO 2024 SS Seoul Fashionweek

•패션쇼 내용

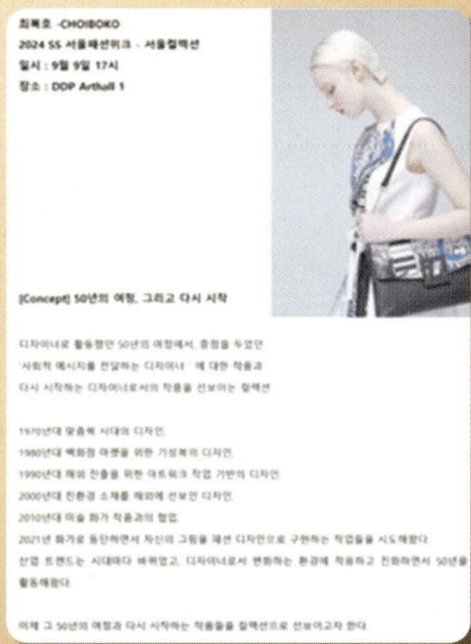

• 메이크업 시안 작업 시 고려사항

디자이너님의 50주년을 기념하는 서울 패션위크, ㅁ50년의 여정 그리고 다시 시작! CHOIBOKO Reboot이라는 타이틀, 패션쇼 장소와 무대구성, 3가지 테마와 다양한 스타일의 의상에 어울리는 헤어 메이크업 시안제작

• 패션쇼 메이크업 시안 작성 과정

패션쇼의 내용과 목적 이해 → 의상맵 분석 → 자료수집 → 메이크업 구상 및 계획수립 → 메이크업 시안 작성 → 최종 미팅 → 헤어 메이크업 시연 → 시안 확정 → 최종 메이크업 시안

패션쇼 헤어 메이크업 시안 (예)

3개의 테마에 어울리도록 2가지 스타일의 헤어 메이크업과
트렌디하고 영한 느낌의 헤어 메이크업 제안.
디자이너의 의도와 의상에 대한 정확한 분석을 바탕으로 헤어 메이크업 콘셉트를
이해하기 쉽게 작성하여 제안함으로써 아티스트의 신뢰도를 높일 수 있다.

Beauty Make up

패션쇼 헤어 메이크업 최종 시안 (예)

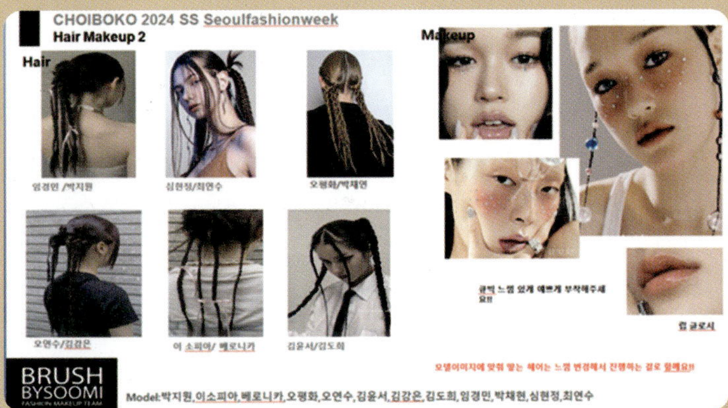

패션쇼 헤어 메이크업 최종 시안에는
디자이너와 협의된 헤어 메이크업 요청사항, 스타일별 모델 명단, 헤어 메이크업 아티스트들에게
전달할 주요 체크사항을 기입하여 헤어 메이크업 콘셉트를
정확하게 이해하고 실행할 수 있도록 한다.

Beauty Make up

2024 SS SEOUL FASHION WEEK
CHOIBOKO BACKSTAGE
BO
KO

참고문헌

강근영, 류지원, 오인영, 이숙연(2020), ALL ABOUT MAKEUP, 메디시언

권혜숙, 황선진, 권혜욱, 김윤(2004), 패션과 이미지메이킹, 수학사

김미경, 이영희(2024), 미용 교육 과정의 색조 메이크업 일러스트 표현 연구 : 계절별 컬러를 중심으로. 한국인체미용예술학회지, 25(4), 163-179. 10.18693/jksba.2024.25.4.163

김미영(2008), 효과적인 메이크업을 위한 계절별 색채연구. 한국피부미용향장학회지, 3(2), 87-96.

김정은(2004), 패션트렌드에 따른 토탈메이크업 경향, 한성대학교 예술대학원 석사학위논문

김춘득(2007), 메이크업의 계절에 따른 브랜드 광고의 변화 연구 -1960~1970년대 브랜드 광고를 중심으로-. 한국미용학회지, 13(1), 134-146.

김혜경(2013), FASHION TREND IMAGE, 교문사

노희영, 안금희(2011), 화보 이미지에 나타난 여배우들의 메이크업과 헤어스타일 분석 : 2009년, 2010년 보그(Vogue)를 중심으로. 한국디자인문화학회지, 17(3), 222-231.

박소정, 오인영(2024), 뷰티컬처와 트렌드, 구민사

박효원, 송서현, 유한나(2019), 뷰티색채학, 성안당

백아름(2015), 패션잡지 VOGUE 화보에 나타난 이미지별 뷰티디자인 트렌드 분석, 서경대학교 미용예술대학원 석사학위논문

서란숙(2018), 퍼스널 이미지 컬러진단에 따른 메이크업과 헤어 이미지 메이킹 연구-봄 이미지를 지닌 가을타입을 중심으로-. 한국미용학회지, 24(4), 719-726.

송서현, 유한나, 윤오선(2018), NCS 기반 기본 메이크업, 진샘미디어

신기선(2017), 패션 매거진 표지를 통한 메이크업 트렌드 비교분석-보그지 중심으로-, 성신여자대학교 뷰티융합대학원 석사학위논문

오세희(2007), 오세희의 스타일메이크업, 성안당

오인영, 송서현, 유한나(2023), 이미지&스타일링 업, 구민사

오인영, 이수미, 안성준(2021), 메이크업 & 패션 스타일링을 위한 디자인 발상, 메디시안

오인영, 임유경, 김유경(2022), 방송. 영화. 공연 캐릭터 메이크업 디자인, 구민사

오정은(2006), 현대 메이크업에 나타난 꼴라쥬 형태 및 표현특성, 경성대학교 대학원 석사학위논문
유혜정(2009), 영화 캐릭터에 표현된 패션 이미지연구, 성균관대학교 디자인대학원 석사학위논문
윤은재, 김혜균(2012), 한국 남성 아이돌 스타의 뷰티이미지에 대한 연구, 디지털융복합연구, 10(11), 651-658.
윤희주(2017), 패션 이미지에 따른 네일아트 디자인연구, 숙명여자대학교 라이프스타일 디자인대학원
이고은, 민경원(2022), 영화 〈광해, 왕이 된 남자〉에 등장한 이병헌 배우의 캐릭터에 따라 변화된 분장 요소 연구, 한국 엔터테인먼트산업학회논문지, 16(1), 23 - 32
이숙연, 정영미, 김미현, 오인영(2009), 코디네이트 미학, 훈민사
이승주(2004), 패션쇼에 나타난 메이크업 트렌드 이미지에 관한 연구, 중앙대학교 예술대학원 석사학위논문
이지현(2013), 20세기 할리우드 영화에 나타난 트렌드리더의 패션과 뷰티 스타일 연구, 서경대학교 대학원 박사학위논문
장연아, 최문희(2015), 계절에 따른 웨딩 메이크업 디자인 선호도 연구. 브랜드 디자인학연구, 13(2), 313-322.
장현숙(2004), 패션쇼에 나타난 메이크업에 관한 연구, 조선대학교 디자인대학원 석사학위논문
정유림, 이영아(2022), 뉴 시니어 여성 연예인의 메이크업 형태와 색채의 특성 분석, 한국 휴먼이미지디자인, 4(1), 178-195.
정은이(2003), 현대 패션쇼에 나타난 메이크업에 관한 연구, 조선대학교 산업대학원 석사학위논문
최소현, 김선형(2012), 한국 아이돌 가수의 메이크업 분석 -2011년 활동 중인 남성·여성아이돌을 대상으로-. 한국인체미용예술학회지, 13(2), 7-23.
한국 뷰티스타일리스트협회(2013), 뷰티스타일리스트, 파워북

Guevara, J.(2015). The Evolution of Daytime Beauty Rituals. Journal of Beauty and Cosmetology, 12(3), 102-115.